小草鸚鵡飼育指南

黃漢克 —— 著

晨星出版

獻給我的家人

To Janice & John

原生種鮮紅胸光輝鸚鵡對鳥

水彩畫作 / 黃漢克　繪

目次

第一章

序

歡迎進入小型草原長尾鸚鵡的繽紛世界

　　身為一個動物愛好者，我從很小的時候，就特別喜歡親近各種動物，尤其是鳥類。從小時候家裡的金絲雀，乃至於虎皮鸚鵡、愛情鳥、各式雀鳥，之後接觸中大型鸚鵡，也進入鳴唱鳥的世界，在寵物鳥的領域，可說是涉獵極廣。在眾多可愛迷人的鳥類當中，原產於澳大利亞的小型草原長尾鸚鵡，一直是我的最愛。世界上鸚形目的鳥類多達三百多種，但其中小型草原鸚鵡（簡稱小草鸚鵡）的獨特與美麗，特別讓我著迷。

　　最初被小草鸚鵡吸引，是一張偶然在網路上看到的澳洲光輝鸚鵡圖片。當時為之驚艷，沒想到鸚鵡竟有如此美麗的配色與顏色組合，之後嘗試飼養柏克氏鸚鵡（俗稱秋草鸚鵡），開啟了我飼養小草鸚鵡的興趣，而後更進一步計畫性地規劃鳥舍，開始規模飼養與系統繁殖。對我來說，小型草原鸚鵡吸引人的原因多元且全面，並非單一因素，以寵物鳥或觀賞鳥的觀點來看，小草鸚鵡的優點至少有：

顏色鮮豔的原生種光輝鸚鵡，圖為成熟雄鳥。
照片來源／Jacqueline Wagener

(1) 最安靜的鸚鵡，聲音悅耳

在養秋草之前，我曾飼養一對文獻上描述為安靜的西玫瑰鸚鵡（俗稱七草鸚鵡），但很快就無法忍受。七草鸚鵡儘管美麗，但對我的居住環境來說還是太吵了。我住在封閉式的社區，鄰居對環境噪音要求較高，那對七草鸚鵡時不時傳來尖銳宏亮的叫聲，讓我整天提心吊膽，在鄰居抗議之前，我就商請朋友幫忙照顧了。之後開始飼養秋草鸚鵡，聽到那柔和悅耳的鳴唱聲，心情一整個美妙起來。秋草鸚鵡的聲音不但一點都不吵，而且還很好聽。我的鳥舍最高曾經達到近百隻小草鸚鵡的規模，卻從來沒有被抗議過，鄰居甚至不知道我有養鳥。小草鸚鵡的叫聲比麻雀更小，單純比較音量，小草應該是所有寵物鸚鵡中，最溫柔且不需要擔心噪音的品種，就算在公寓飼養也絕對適合。

(2) 溫和的個性，溫暖且親人

在大部分的情況下，小草鸚鵡是個性溫和迷人的鳥類，可以群體

小草鸚鵡個性迷人、叫聲悅耳，非常適合在都會區飼養。
照片來源／Tomo Lee

大部分的情況下，小草鸚鵡可以群養沒有問題。
照片來源／Lihan Hong

飼養，也可以和小型雀科同籠共處。小草鸚鵡雖然偶爾會有零星的吵架追逐，但大部分都算溫和。籠養的小草，面對飼主時會顯現出某種程度的信任與安定。小草鸚鵡是非常適合手養的寵物鳥，手養長大的小草，可以是非常親密甜美的家庭伴侶，熱情又親人，且手養鳥仍然可以繁殖。此外，小草鸚鵡的體型小、個性溫和，因此完全不用擔心可能被咬傷的風險。

(3) 羽色變種豐富，繽紛多彩

　　在鸚鵡界，許多鳥兒都有豐富的羽色變種，其中澳洲的草原鸚鵡應該是變化最豐富的類別之一，就小草鸚鵡而言，變種的豐富程度更是數一數二。從原生種進而變化出令人驚艷連連的羽色外觀，五顏六色的羽毛組合，簡直是視覺感官的盛宴。此外，飼主也能從繁殖過程中，學習到基因遺傳的知識與規律，並享受培育出美麗個體的樂趣。對育種者而言，若是能繁殖出美麗稀有的鸚鵡子代，其喜悅與成就感往往令人難以言喻。

小草鸚鵡個性迷人、叫聲悅耳，非常適合在都會區飼養。
照片來源／Lihan Hong

(4) 體型迷你袖珍，尺寸剛好

　　小草鸚鵡平均體長約20公分，虎皮鸚鵡更是只有18公分的大小，在室內一般使用寬約60公分（約2呎）的籠子就可飼養，容納2～3隻沒有問題。小草鸚鵡的嬌小體型很適合空間普遍不足的現代人，即便要建立鳥舍，2、3坪以上的空間就能布置不少飼養籠，不管是當寵物，還是嘗試繁殖，對於空間有限的人來說都很適合。體型小的鳥兒所附帶的好處，就是伙食費很省，一隻小草一天的飼料費非常低廉，只飼養少數的話幾乎沒有任何負擔。

(5) 適應力強,飼養難度適中

原產地的小型草原鸚鵡,生長於澳洲大陸的嚴苛環境中,劇烈變化的日夜溫差,也造就了小草鸚鵡天生適應力強的體質。因此,臺灣的炎夏與寒冬,小草鸚鵡大致都能應付自如。在常見的寵物鸚鵡當中,小草鸚鵡的飼養難度適中,稍稍用心都能養得很好。小草鸚鵡在臺灣已有多年的馴養歷史,普遍適應良好,並且吸引愈來愈多愛好者加入。

小草鸚鵡線條優美,且擁有許多豐富的羽色變種。
照片來源／Lihan Hong

(6) 比例完美，顏值超高

　　小草鸚鵡的線條優美、顏色多變，以觀賞角度來說，姿態出眾且賞心悅目。在生物界，每個物種都有獨一無二的美麗，無須過分比較。但是對我而言，無論原生種的小草鸚鵡，或是其豐富華麗的羽色變種，每一品系的小草鸚鵡皆如此獨特且吸引人，彷彿上帝的調色盤，在小草們身上作畫。只要不討厭動物的人，第一眼見到各式小草，都會不由自主地發出讚嘆，並為之著迷。對我而言，小草之美，無與倫比。

　　無論是飼養鸚鵡多年的老手，或是剛開始想要嘗試接觸鸚鵡的新手，我真心認為，進入小草鸚鵡的世界，你一定不會後悔。希望藉由本書的經驗分享，讓鳥友們在飼養小草鸚鵡時，能獲得實際有用的幫助與參考。

小草鸚鵡的羽色變種十分豐富，同一種鳥也能展示出各式各樣不同的風貌。

第二章

澳洲的小型草原長尾鸚鵡介紹

(一) 原生棲息地的小型草原長尾鸚鵡

　　小型長尾草原鸚鵡分布區域以澳大利亞為主，澳洲大陸位於南半球，總面積約769萬2,024平方公里，土地為臺灣的兩百多倍大。天然資源豐富與相對孤立的地理環境，使得這片古老的大陸孕育出許多獨特的生物，例如廣受世人喜愛的無尾熊與袋鼠等。其中，原產於澳洲的草原鸚鵡與鳳頭鸚鵡，更受到全世界鳥類飼養者的青睞。在澳洲各式各樣的草原鸚鵡中，小型草原長尾鸚鵡以Neophema屬為主，體長約20公分上下，成員包括光輝鸚鵡（Splendid parakeet）、桔梗鸚鵡（Turquoise parakeet）、藍翅鸚鵡（Blue-winged parakeet）、嫩嫩鸚鵡（Elegant parakeet）、岩石鸚鵡（Rock parakeet），以及橙腹鸚鵡（Orange-bellied parakeet）。另外，柏克氏（秋草）鸚鵡（Bourke's parakeet）則歸類為Neopsephotus屬，也是小草鸚鵡的一種。而全世界籠養最普遍、最受歡迎的虎皮鸚鵡（Budgerigar、Budgie），廣義來說也算是澳洲小型草原鸚鵡家族的成員。

　　在亞洲與臺灣，最廣為飼養的小型草原長尾鸚鵡，除了虎皮鸚鵡外，就屬秋草鸚鵡、光輝鸚鵡與桔梗鸚鵡，本書內容適用於所有小型草原鸚鵡的飼養，但特別針對這三種常見的小草鸚鵡，進行更詳細的介紹與說明。

Australia

1 2 3 4 原產於澳洲的鸚鵡中，除了各式各樣的草原鸚鵡，另外就屬鳳頭鸚鵡科為大宗。
照片來源／Aoudew Chen

5 Neophema屬共有六種鸚鵡，圖為黃化嫩嫩鸚鵡，臺灣也曾有少數進口紀錄。
照片來源／William Jonker

秋草鸚鵡（柏克氏鸚鵡）
Neopsephotus bourkii

柏克氏鸚鵡（Bourke's parakeet）命名自理查德‧布爾克爵士（Sir Richard Bourke），他在西元1831～1837年間擔任澳大利亞新南威爾斯的省長。學名Neophema源自希臘語，「neos」意即「new」（新的），而「pheme」為「voice」（聲音）之意，由命名足以看出小草鸚鵡獨特且悅耳的叫聲。

柏克氏鸚鵡又稱為秋草鸚鵡。
照片來源／小草天地　阿鴻

　　柏克氏鸚鵡在臺灣俗稱秋草鸚鵡，是常見的小型草原鸚鵡，安靜、溫和的個性很適合作為寵物，體型比虎皮鸚鵡略大（體長約20公分），容易飼養與繁殖。聲音柔細悅耳，能和平地與其他體型類似的鳥類共處，是小草入門者相當理想的選擇。

　　有別於Neophema屬的草原長尾鸚鵡，秋草鸚鵡的主要羽色並非綠色，而是深棕色夾雜少許的粉紅色。牠們無法與Neophema屬的小草鸚鵡雜交，生物學上屬於獨立品系。秋草鸚鵡在成熟後可

原生種秋草鸚鵡的幼鳥以棕灰色為主，夾雜少許粉紅色。
照片來源／Lihan Hong

秋草鸚鵡的區域分布概略圖。

以大略藉由外觀判斷性別。雌鳥前額和翅膀的藍色羽毛比雄鳥少,喉部粉紅色較少,顏色也較為暗沉,就身形來說,雌鳥的體型與頭部也比雄鳥小一些。

　　秋草鸚鵡原產地分布於昆士蘭西南部、新南威爾斯西部、澳洲中部、西澳大利亞北部,以及一些內陸地區,大範圍的地理分布也顯現出秋草鸚鵡的適應力極強。

　　在野外,可於相思樹林、尤加利樹林、灌木叢與一些河邊的林地中發現秋草鸚鵡的蹤跡,通常是成對或一小群一起活動,牠們一般在早晨或黃昏時刻覓食,在地上找尋各種草類種子與植物嫩芽。繁殖季節約在每年8～12月之間,秋草鸚鵡喜愛在1～3公尺高的樹洞內築巢,雄鳥求偶時會貼近雌鳥,拍打雙翼與搖動尾巴,並展現出獨特的抬胸動作。雌鳥一窩產4顆蛋或更多,幼鳥約18天後孵化,4週後羽毛長成。

鳥舍中的秋草鸚鵡是容易照料的鸚鵡，很快便能適應周遭環境與當地氣候，但仍需防範太冷的天氣以及過度潮溼的氣候。以臺灣來說，應注意雨季溼度過高時，細菌孳生威脅鳥兒的健康。繁殖秋草鸚鵡並不困難，而且牠們通常是相當稱職的父母，許多飼主甚至常常讓牠們

紅寶石秋草的顏色粉嫩柔和，有些鳥友們將牠暱稱為水蜜桃鸚鵡。
照片來源／秋草閣　阿克

充當其他小草鸚鵡的代理雌鳥。

秋草鸚鵡在人工飼養環境中已培育出多種不同顏色的美麗變種，如閃光變種的粉紅秋草，數量已經很多，並衍生出許多美麗迷人的羽色品系。其中顏色粉嫩柔和的紅寶石秋草鸚鵡，更是許多鳥友心目中的夢幻品系，被暱稱為水蜜桃鸚鵡，人氣居高不下，是鸚鵡界中少數以粉紅色系為主、廣受女性飼養者歡迎的寵物鳥之一。

光輝鸚鵡（鮮紅胸鸚鵡）*Neophema splendida*

光輝鸚鵡（Splendid Parakeet）又稱為鮮紅胸鸚鵡（Scarlet-chested Parakeet），西元1840年首次被發現於澳洲西部的斯旺河（Swan River）一帶。這隻美麗的鸚鵡隨後被送到英國的約翰・古爾德（John Gould）手中，並由倫敦動物協會（Zoological Society of London）於動物學期刊中（Proceedings of the Zoological Society）描述該物種，建立了歐洲對光輝鸚鵡早期的文獻。

光輝鸚鵡的區域分布概略圖。

光輝鸚鵡的雄雌外觀在中幼鳥時期大致相同，以背部綠色、前胸黃色的羽毛為主，性別不容易從外表區分，但進入成熟期在第一次換羽後，就會出現明顯差異。成熟雌鳥的外觀仍然和中幼鳥類似，只是顏色會深一些。此外，中幼鳥的喙部為淺黃色，成熟雌鳥則較深黑。而換毛後的雄鳥，鮮紅色的胸部羽毛會逐漸顯現。年輕的雄鳥需要12個月大以上才能達到完全的成鳥羽色，雌鳥則會快一些。儘管大多數的鳥舍在光輝鸚鵡1歲時就會進行繁殖，但這個物種可能要到1歲半以上才能達到完全的性

原生種光輝鸚鵡又稱為鮮紅胸鸚鵡，成熟前公母鳥的外觀類似，但雄鳥在成熟後會顯現出鮮紅色的胸部。

上：照片來源／Jacqueline Wagener
下：照片來源／Jui Fang Cheng

成熟，尤其對雄鳥來說，沒有18個月大，羽色很難完全顯現。

　　原生地的光輝鸚鵡主要活動於沙漠與短草原地區。澳洲中南部的草原地帶，諸如鬣刺屬芒草（Spinifex）、相思樹屬植物（Acacia）、尤加利樹（Eucalypts），以及一些野生藥草（herbs）皆分布於此，這意味著光輝鸚鵡可取得的食物是這些植物的種子。而在當地水源與降雨普遍不足的情況下，牠們也會從多肉植物中獲取水分。

　　根據研究顯示，光輝鸚鵡是會移動、游移的鳥類，為小草鸚鵡中的游牧民族，經常被發現於分布邊界，如大維多利亞沙漠（Great Victoria Desert）。然而，依據其分布區域地圖所顯示的跡象，牠們確切的移動路線仍缺乏資料，路徑鮮為人知。

　　依可信資料所示，歐洲鳥舍初次繁殖光輝鸚鵡的正式紀錄，為西元1934年由愛德華・貝西（Edward Beesey）於英國肯特州的卡斯頓外來鳥類農場（Keston Foreign Bird Farm）鳥舍繁殖成功，親鳥得自於當時的貝德福公爵（Duke of Bedford）。在澳洲本地，鳥舍繁殖的紀錄則更早一些，所知是由西蒙・哈維（Simon Harvey）於西元1932年達成，此對鳥在西元1931年於烏德納達塔（Oodnadatta）西部被捕獲，隔年即繁殖成功，是南澳地區正式的繁殖紀錄。

　　Neophema屬所有小草鸚鵡的飼養條件大致相同。儘管光輝鸚鵡可以耐寒、忍受炎熱氣候，但這並非意味著強風吹拂的環

野生的光輝鸚鵡喜歡乾燥的環境，例如溫暖舒適的乾草堆。
照片來源／Jacqueline Wagener

境是被允許的，籠養光輝鸚鵡應該避免天冷時強風直吹的環境，但保持適度的通風仍然必要。在籠子裡，可以布置一個蔭庇的空間，如巢箱或隔板，鳥兒在需要時可以躲入。如果是飼養在可供飛翔的大型鳥籠內，則可提供一些天然素材，如乾燥過的樹枝或牧草。光輝鸚鵡喜歡躲藏在乾燥草堆中，尤其是天冷或潮溼時。在夜晚，乾草堆也能提供溫暖及隱蔽的安全感。

原生棲地的光輝鸚鵡，在維多利亞省的繁殖季節是從8月到隔年3月。光輝鸚鵡是一夫一妻固定配對，由雙親共同哺育幼鳥。一個繁殖季養育3窩幼鳥都屬常見。以往飼養者會模仿自然，使用原木樹洞，現在則大多都改用木製巢箱。有些繁殖者會在繁殖季結束後，將巢箱倒裝或封閉，讓鳥適當休息，待隔年繁殖季節來臨時，才會開啟巢箱讓鳥兒再次繁殖。

人工環境的繁殖巢箱尺寸，與愛情鳥或牡丹鸚鵡所使用的大小相當，約為長20公分×寬20公分×高25公分，尺寸可以微調。巢箱內部要擺放小根的木條或木板，以便鳥兒可以輕易進出。巢箱前的洞口下方處也需要布置踏板或棲棍，使鳥兒可以在洞口前降落，雄鳥也可以在洞口前餵食雌鳥。巢箱內部可使用稻草、牧草或木屑當作墊材，也可以額外提供一些植物樹葉、草枝，甚至泥土等，但要避免尖銳物，否則可能傷及鳥蛋或幼鳥。適當的巢材填充深度約為6～8公分。

下蛋前，雄鳥會先吐料給雌鳥，一次下蛋數量約4～6顆，有些雄鳥會進巢箱餵雌鳥或幼鳥，有些則不會。孵化期約18天，幼鳥出殼後，雌鳥會在前10天非常密集地餵食幼鳥，而雄鳥也會持續吐料給雌鳥吃。孵蛋期間儘量避免頻繁地查看巢箱，這種行為可能會導致幼鳥的折損，尤其是新手鳥父母更容易發生此類不幸。幼鳥孵化後約28～30天羽毛長成，剛出巢的幼鳥仍然沒有方向感，容易到處飛竄，因此

接近籠子時要格外小心，避免驚嚇到幼鳥。羽毛大略長出後，大約要再過20多天，幼鳥才能完全獨立。如果籠子不大，最好在幼鳥能獨立進食後就儘快移出，那麼親鳥很快地就會再次繁殖。

即使幼鳥已經出巢，光輝鸚鵡的雌鳥仍會繼續餵食，直到幼鳥獨立。
照片來源／Jacqueline Wagener

光輝鸚鵡喜歡沐浴，在涼爽陰冷的天氣下也會洗澡，更不用說大熱天，因此可以在籠內適當地提供水盆，牠也喜歡飛行在庭院的水霧噴灑器中，天氣溫和時，野生的鳥兒甚至喜歡在雨中飛翔。牠也喜歡在籠底做日光浴，若底層有鋪上細沙，也會進行砂浴。

光輝鸚鵡是很理想的籠養鳥類。牠可以和雀科小鳥以及小型觀賞鳩科混養，在澳洲及海外皆是如此。牠的個性寧靜溫和，飼養得宜可以很溫馴並信任人類。牠們不會啃咬木頭，且氣質出眾。光輝鸚鵡是有趣、顏色豐富、十分美麗的鳥類，更是完美的籠養鳥，堪稱鳥舍中最耀眼的寶石。

小草鸚鵡的性格溫和，也可與小型雀鳥混養。
照片來源／Jacqueline Wagener

桔梗鸚鵡 *Neophema pulchella*

　　桔梗鸚鵡（Turquoise parakeet）同樣原產於澳洲，主要分布於澳洲東南方，從昆士蘭省經過新南威爾斯，一直延伸到西北邊的維多利亞省，其中新南威爾斯的族群數量大約占總群體的90％。桔梗鸚鵡身長約20公分，體重約40～45公克，最早在西元1792年由喬治·肖（George Shaw）所描述。

桔梗鸚鵡的區域分布概略圖。

　　原生種桔梗鸚鵡的雄雌鳥具有不同的外貌。雄鳥的綠色較深沉，下腹的黃色面積較大，臉部的松石藍色也比較鮮豔與明顯，翅膀肩上的羽毛有藍色與紅色斑塊；雌鳥的顏色則比較淡色一些，一樣呈現出背部的綠色與前胸的黃色，原生種桔梗雌鳥翅膀的羽毛上沒有紅斑。

原生種桔梗的雄雌外觀
不同，雄鳥翅膀上有紅
色，藍色羽毛也較深。
照片來源／秋草閣　阿克

桔梗鸚鵡棲息於有尤加利樹的草原與開放的短樹叢區域，以種子、野草、漿果，甚至昆蟲為食。生性活潑、鳴叫音量適中，但清晨和黃昏喜歡唱歌，野外繁殖多利用中空的樹洞。桔梗鸚鵡一窩通常生4～6顆蛋，孵化期約18～20天，破殼後50天左右獨立。現階段桔梗鸚鵡的野外族群數量還算穩定，暫時沒有瀕臨絕種的危險。

與光輝鸚鵡不同，桔梗鸚鵡被認為是固定棲地的鳥類，個體一整年都習慣待在同樣的區域，不太會進行遷徙。桔梗鸚鵡平時可能以小群體的方式一起生活，最多可能達到百隻的群體規模，一到繁殖期時就會各自分散，以便交配、產蛋與哺育幼鳥。

人工鳥舍中的桔梗鸚鵡也有許多豐富的羽色變種，在世界各地都廣受飼養家的喜愛。其中的黃色突變（Dilute）在三種小草鸚鵡中，更是只顯現於桔梗身上的羽色變種，豐富了桔梗鸚鵡的色彩與外貌。

黃色的稀釋基因常見於桔梗鸚鵡。
照片來源／Lihan Hong

虎皮鸚鵡 *Melopsittacus undulatus*

虎皮鸚鵡的區域分布概略圖。

虎皮鸚鵡（Budgerigar、Budgie）原產於澳洲，在臺灣又被稱為小鸚哥或阿蘇兒，是最常見的小型鸚鵡，在全世界都被廣為飼養。

原生地的虎皮鸚鵡適應力極強，常常可以在矮木叢、森林、短草原、人工農地等處發現其蹤跡。虎皮鸚鵡在澳洲有季節性的遷徙行

廣義來說，虎皮鸚鵡也算小型草原鸚鵡的成員之一，是全世界最普遍的籠養鸚鵡。

照片來源／Yung Ren

為，冬天則生活在澳大利亞較為溫暖的北部，夏天時才又回到南方，族群幾乎分布於澳大利亞全境，約克角半島、塔斯馬尼亞島也有少數族群。牠們天生喜歡群聚活動，經常結成數百隻甚至更大的族群共同生活。

虎皮鸚鵡以各類植物的種子、漿果與植物嫩芽為食，也常飛到當地農場的田地啄食穀物。人工飼養的虎皮鸚鵡區分為美系和英系。在臺灣，英系虎皮鸚鵡又被暱稱為大頭鸚鵡，體型較美系虎皮大一些，尤其是頭部更為明顯。原生地虎皮鸚鵡的平均壽命約7～8年，人工飼養在良好的條件下，壽命可達15年甚至更久。

虎皮鸚鵡體型嬌小，連同尾羽身長約18公分，人工飼養種的體型略大於原生種，原生種主要為黃綠色外型。虎皮鸚鵡的雄雌外觀大致相同，但鼻端蠟膜的顏色有所差異。幼年雄鳥的鼻膜為皮膚肉色，成熟後除了某些變種（如黃化、華勒等）雄鳥的鼻膜不會變色以外，大部分雄鳥的鼻膜會轉為藍色。雌鳥的鼻膜則為灰白色或淡藍色。

虎皮鸚鵡的變種顏色豐富，最早的羽毛突變紀錄出現於西元1850年左右，至今

從鼻子蠟膜的顏色，可以區分虎皮鸚鵡的性別。
照片來源／趙萬來

已經培育出上百種五彩繽紛的羽色品系，為羽色變種最豐富的籠養鸚鵡，除了紅色以外，幾乎所有鸚鵡身上常見的顏色都可以在虎皮鸚鵡身上看到。虎皮鸚鵡全年皆可繁殖，在原生地常利用樹洞築巢，雌鳥每次產下4～6顆蛋，也有可能更多。雌鳥負責孵蛋，孵化期約18天，幼鳥30日齡羽毛長成後學飛離巢，大約6個月就可達到性成熟。

　　手養的虎皮鸚鵡非常親人，甚至可以訓練牠們做一些簡單的把戲，如爬樓梯、投籃、套圈圈等。有些虎皮鸚鵡可以模仿人類簡單的語言，但依個體差異，有些則可能完全不會說話。儘管如此，即使經過耐心訓練，虎皮鸚鵡最多也只能說出單詞或簡單的發音。

　　虎皮鸚鵡是強壯可愛的小型鸚鵡，可以和其他鸚鵡群養，但有些個體的攻擊性比較強，尤其是發情期的雄鳥，可能會咬傷飼主或攻擊其他小鳥。虎皮鸚鵡雖然體型嬌小，但是鳥喙尖銳有力，如果和體型類似的小草鸚鵡打架，通常會取得上風，可能使其他鸚鵡受傷，因此與其他小型鸚鵡一起飼養時須多加留意。

(二) 小草鸚鵡的生物學分類

　　生物分類學（biotaxonomy），是一門研究生物類群間的生理差異及異同程度、定義生物間的親緣關係、進化過程，以及發展規律的科學。

　　生物分類可以反映不同生物體之間的演化樹關係。分類學把生物劃分為不同的群，而系統學試圖尋找生物之間的關聯。目前國際較常用的分類法為林奈氏分類系統（Linnaean），一般在生物教科書都會介紹，在這個系統下，所有的物種會包含一個「屬名」和「種詞」，並以拉丁文呈現。

卡爾．林奈（Carl Linnaeus）
為瑞典動植物學家、動物學家及
醫生，他奠定了現代生物學命名
法的基礎，被視為現代生物分類
學之父。
版權來源／INTREEGUE Photography
Shutterstock

光輝鸚鵡、桔梗鸚鵡與秋草鸚鵡的分類階梯

- 動物界 Kindom Animalia
  - 脊索動物門 Phylum Chordata
    - 鳥綱 Class Aves
      - 鸚形目 Order Psittaciformes
        - 鸚鵡科 Family Psittacidae
          - 鸚鵡亞科 Platycercinae
            - 小型草原長尾鸚鵡屬 *Neophemini*
              - 亞屬 *Neophema*、*Neopsephotus*

                Neophema：光輝鸚鵡（*Neophema splendida*）

                桔梗鸚鵡（*Neophema pulchella*）

                Neopsephotus：秋草鸚鵡（*Neopsephotus bourkii*）

以此分類階梯來看，光輝鸚鵡和桔梗鸚鵡為同屬不同種，秋草鸚鵡則歸為另一獨立的亞屬。因此，相較於秋草鸚鵡，光輝鸚鵡與桔梗鸚鵡在血緣上更為接近，彼此也可以進行異種雜交並產下後代。然而，兩者畢竟是不同物種，故子代不具有繁殖能力（類似於獅和虎、騾和馬），繁殖者應該極力避免這類的異種雜交。至於秋草鸚鵡，因為是獨立的一屬一種，所以無法與光輝或桔梗雜交，當然也不會產生子代。

另外，本書常用的光輝鸚鵡（Splendid parakeet）或鮮紅胸鸚鵡（Scarlet-chested parakeet）一詞，其實是所謂的「俗稱」，回到生物學的領域，光輝鸚鵡的學名就會是 *Neophema splendida*（前面為屬，後面為種）。

(三) 小草鸚鵡在臺灣

臺灣常見的澳洲小型草原長尾鸚鵡，也就是俗稱的小草鸚鵡，除了非常普遍的虎皮鸚鵡外，主要指的是秋草鸚鵡、光輝鸚鵡與桔梗鸚鵡。這三種原產於澳洲的美麗小鸚鵡，經過全球繁殖者多年的育種，累積了大量與原生種大異其趣的美麗變種，令人目不暇給。在臺灣，這三種小草鸚鵡也各有愛好者，而無論外型、氣質、飼養環境，這三種小草鸚鵡都有許多類似之處，同時也各具特色。

有不少小草鸚鵡的飼養者與其鳥舍皆有飼養三種小草，但比重各有不同。有些鳥舍以光輝鸚鵡為主，輔以其他兩種小草鸚鵡。有些鳥舍則是桔梗鸚鵡較多，搭配其他兩種小草鸚鵡。當然，也有些鳥舍以秋草鸚鵡為最大宗。

光輝、秋草和桔梗是臺灣最常見的三種小草鸚鵡。
照片來源　上、左下／Lihan Hong
照片來源　右下／秋草閣　阿克

三種小草鸚鵡，同中有異，各有其美，希望透過簡單的介紹，讓計畫飼養小草的朋友們作為參考。

　　首先是秋草鸚鵡，其原生種表現是以棕色帶一點粉紅色。因為繁殖成效不錯，在臺灣，原生秋草的閃光變種（俗稱粉紅秋草）數量應該已經高於原生種。粉紅秋草算是十分親民的入門鳥種，相對

秋草鸚鵡個性溫和甜美。
照片來源／秋草閣　阿克

較低的價格，讓秋草成為小草鸚鵡入門飼養的理想選擇。此外，秋草鸚鵡的成熟期較短，一般6個月就達到初步成熟，8～10個月就有穩定的繁殖能力，1歲左右更可以達到完全的性成熟。因此，購入一隻數個月大的中鳥，可能不用很久就會享受到繁殖的成果與樂趣。筆者第一對飼養的粉紅秋草，一年內就繁殖出數隻幼鳥。

　　秋草的個性溫和，天生喜歡接近人。依據筆者的觀察，三種小草當中，秋草鸚鵡的寵物鳥性最好，手養的秋草鸚鵡就算是升格當父母了，有些也還會隔著籠子想要跟主人互動，因此秋草鸚鵡絕對可以是很棒的寵物鳥。育雛期間，一對穩定的秋草鸚鵡種鳥也不太怕人，任憑飼主一天翻動數次巢箱查看幼鳥也無所謂，而且任勞任怨，經常擔任代母的角色，協助餵養其他小草鸚鵡的幼鳥。

體質方面，秋草鸚鵡相對強健，除了偶有腸胃道問題，一般適應力強，飼養起來相對容易。此外，秋草鸚鵡雄鳥的叫聲婉轉溫潤，既不會吵到鄰居，還能聆聽美妙的鳴唱聲。秋草鸚鵡在飼養上要稍微注意貪吃的問題，如果空間狹小，食物又過於營養，下腹部可能會累積脂肪（因脂肪過度攝取），這樣的情況需要透過調整飼料配方與加大活動空間來改善，若是育雛中的繁殖鳥，因為熱量消耗較大，通常比較不會發生。

其次提到桔梗鸚鵡，偶爾會聽聞牠比較明顯的特質：好鬥且不好配對。相較起來，桔梗鸚鵡的個性確實略為強勢，數隻鳥養在一籠，可能會有打架、互相威嚇的情況發生。對繁殖者來說，強勢的

桔梗鸚鵡體質強健，容易飼養。
照片來源／秋草閣　阿克

桔梗鸚鵡在配種方面，如果鳥兒彼此不合就需要觀察，打打小架的情況無須擔心，但若雄鳥或雌鳥互相攻擊的話則要多加留意，例如暫時分籠，或是加大籠子的空間。孵蛋育雛中的桔梗母性較強，有些會拒絕雄鳥進入巢箱，因此在繁殖上，使用大一點的籠子通常會比小籠子來得好。

優點方面，桔梗的體質強健，三種小草鸚鵡中，桔梗鸚鵡最為強壯。天數差不多的幼鳥，光輝和秋草抓起來的觸感可能是軟軟柔柔

的，但桔梗的幼鳥就扎實有力。此外，桔梗鸚鵡變種豐富，羽色變化多樣，而且擁有小草鸚鵡當中獨一無二的黃色稀釋基因（Dilute），這在遺傳育種上相對有吸引力。

音量方面，桔梗雄鳥的叫聲響亮，通常是連續的3～4個單音，類似「唧、唧、唧」的叫聲，在三種小草鸚鵡中聲音最為宏亮。即便如此，我還是要強調，所有的小草都是安靜的鳥種，和愛情鸚鵡中的小鸚或牡丹比起來，桔梗鸚鵡還是安靜很多。

最後則是光輝鸚鵡，這是隻讓許多鳥友非常喜愛、為之著迷的小草鸚鵡，主要是因為牠在鸚鵡界中，有著非常豐富的羽色變種以及鮮明對比的外表。儘管許多人在提到光輝鸚鵡時，會擔心牠的體質略為敏感，但優雅的外型加上繽紛美麗的羽色，卻又如此吸引人。我個人認為，光輝鸚鵡是三種小草中，最華麗優雅的存在。

每一種鸚鵡有其適應的生活型態與飼養方式，因此在飼養光輝鸚鵡時，環境的營造要稍加費心，例如注意通風。整體來說，如果環境對了，光輝鸚鵡就會是強壯好養的鸚鵡。根據原產地環境紀錄，光輝是生長於澳洲沙漠地區的鳥類，對冷熱的適應力極強，甚至可以忍受更長期的缺水（牠們會長途跋涉以尋找水源）。因此，只要鳥舍的環境乾淨、通風，光輝鸚鵡就是容易飼養的小草，當然，前提是你要先取得一隻健康的個體。

總結三種小草鸚鵡給筆者的感覺與印象：

光輝鸚鵡像小草中的貴族，優雅高貴，且氣質出眾。
桔梗鸚鵡像小草中的騎士，個性強烈，且武藝高強。
秋草鸚鵡像小草中的百姓，溫和親人，且適應力強。

1　光輝鸚鵡在三種小草中，擁有最豐富的羽色變種。　照片來源／Marnik Bostyn

2　原生種閃光光輝鸚鵡。　照片來源／Marnik Bostyn

3　紫羅蘭閃光邊羽光輝鸚鵡。　照片來源／Marnik Bostyn

以上針對臺灣最常見的三種小草鸚鵡加以介紹，希望與鳥友們分享，飼養小草鸚鵡非但不困難，而且樂趣無窮。中大型鸚鵡要擔心的噪音、空間問題，甚至對人的攻擊性，在小草身上完全沒有。而除了單純的生養繁殖，小草鸚鵡還多了極其豐富的基因變化與外貌，可以滿足個人不同的視覺偏好，以及增

添育種上的成就感。因此，若你的空間有限、怕吵、擔心鸚鵡會咬人，那不妨考慮試試飼養小草鸚鵡吧！這些美麗的鳥兒有許多顯而易見的優點，缺點只有一個：一旦愛上牠就無法自拔。

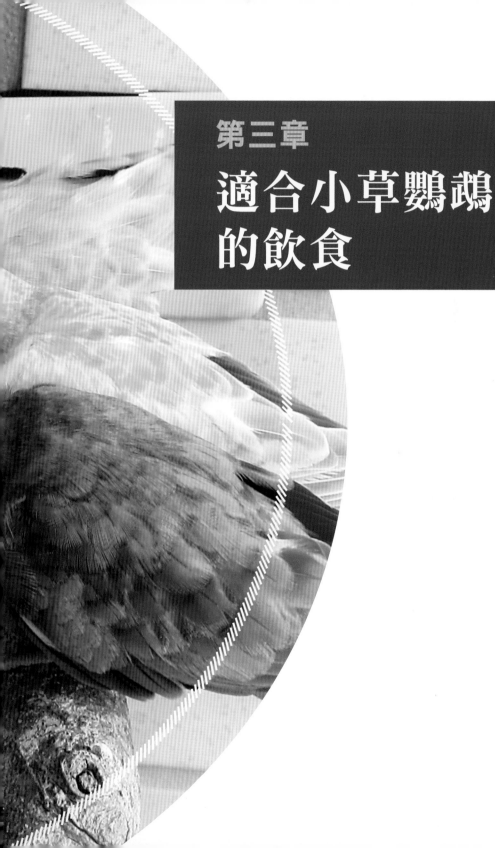

第三章

適合小草鸚鵡
的飲食

(一) 鳥舍中籠養小草鸚鵡的食物

　　澳洲小型草原鸚鵡屬於地面鸚鵡，顧名思義，牠們很常在地面活動以尋找食物。除了嫩葉果實，小草的主食就是各種生長於土地上的植物種子。

　　人工環境下飼養小草鸚鵡，最常使用的主食就是各式各樣的混合穀物種子。小草鸚鵡屬於小型鳥，喙部不大，因此無法啃咬太堅硬或體積太大的種子，如帶殼堅果或白花子。針對小草鸚鵡，可使用較小顆的混合穀類飼料，常使用的有細多、紅白小米、大米、火麻、蕎麥仁、燕麥、草籽等，也可視情況添加油脂較為豐富的小葵花子、尼日子、黑芝麻等。

1　秋草鸚鵡啃食小米穗。　　照片來源／Lihan Hong
2　滋養丸和去殼小米可以作為小草鸚鵡的副食品。　　照片來源／Tomo Lee
3　桔梗鸚鵡啃食大黍草種子。　　照片來源／洪啟昌

副食品方面，可適當補充發芽種子、漿果、新鮮綠色葉菜，有機牧草芯、紅辣椒、切片蘋果、紅蘿蔔、蛋黃粉等。補給品則有禽鳥用維他命、電解質、礦晶土、紅土、啄石、墨魚骨、水溶性鈣粉、

小米穗是小米的原始型態，在臺灣也有少量種植，幾乎所有的小草都很喜歡。

益生菌、藍藻粉、酵母粉、適量酵素等。至於人工製造的鸚鵡綜合滋養丸，經過科學配方計算，大抵上營養均衡，且在未開封的情況下基本上不會有黴菌、麴素等汙染，我會推薦以10～20％不等的比例，混入穀物飼料中餵食小草鸚鵡。

總之，食物儘量多元，食材力求新鮮與營養素均衡。每一隻小草鸚鵡的食物偏好不盡相同，例如大部分小草鸚鵡都熱愛葵花子，有些不愛吃水果，但通常都很喜歡葉類。

有些飼養者為了環境容易清潔，會提供完全去殼的種子供小草鸚鵡食用。然而，種子的外殼具有保護作用，可將穀物的養分留住，如有機硒，能夠促進穀胱甘肽的合成，一旦種子去殼，營養流失的速度會加快，保存也較不易，因此除非是作為補充食物、幼鳥學吃，或是需要混藥拌料時，才建議適量使用去殼穀類。對鸚鵡而言，剝殼進食是一種天性，鸚鵡的鉗狀喙就是為此演化而來，剝殼行為可以降低小草的壓力，並預防喙部不正常增生，故建議平時還是以帶殼飼料為首選。

此外，因應夏季高溫、春秋換羽、冬季寒冷、繁殖期營養強化等，小草鸚鵡對熱量的需求也會略有不同，可以加以微調；夏天吃得清淡一些，冬季或繁殖中的鳥兒，則提供多一點的高油脂穀類種子，補充營養與熱量。

小草鸚鵡混合穀物飼料（重量／比例）參考

種子 穀物	類型一 較清淡配方		類型二 中間配方		類型三 較高熱量配方	
	單位：斤	百分比	單位：斤	百分比	單位：斤	百分比
細多（加那利子）	10	30%	12.5	38%	15	45%
白小米	4	12%	2.5	8%	1.5	5%
紅大（小）米	4	12%	2.5	8%	1.5	5%
白大米	3	9%	2	6%	1	3%
燕麥	3	9%	2.5	7.5%	1	3%
尼日子	0.3	1%	1	3%	2	6%
蕎麥仁	3	9%	2	6%	1	3%
火麻	2	6%	3	9%	4	12%
小葵花子	2	6%	2.5	7.5%	3	9%
草籽	2	6%	2	6%	2	6%
油菜籽	X	0%	0.5	1.5%	1.3	4%

（以上配方比例僅供參考，飼養者應根據不同狀況進行調整。）

小草鸚鵡常食用的穀物種子

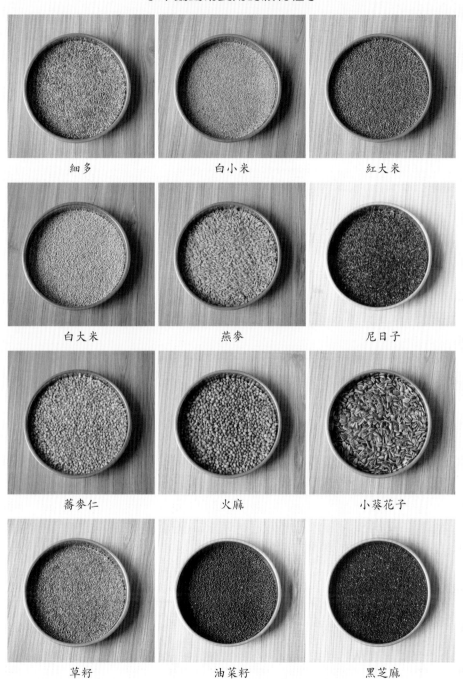

細多	白小米	紅大米
白大米	燕麥	尼日子
蕎麥仁	火麻	小葵花子
草籽	油菜籽	黑芝麻

(二) 更安全的熟化飼料

以混合穀物種籽為主食,符合原生地小草鸚鵡的食性。然而,市面上所販售的穀物,通常是海外進口的生穀,簡單日曬乾燥後即包裝出貨,因此飼料可能會有保存不當、菌類汙染、受潮、昆蟲蟲卵等問題。純吃穀物的鳥兒,多少都會有黴菌感染的風險,一部分的來源可能就在飼料裡。

混合穀物種子為小草的主食,但保存上要多費心。

要改善這類問題,使用鸚鵡專用的滋養丸是選項之一,滋養丸以人工的方式將飼料合成,並精算營養比例,可以杜絕「過程汙染」的問題。然而,滋養丸畢竟是人工食物,還是有其營養限制與不足,長期單一食用,鳥兒的狀態並無法保持在顛峰狀態。

有鑑於此,飼主也可以嘗試用「穀物熟化」的方式,將穀物種子以加溫的方式適當地熟化,讓飼料變得更適合鳥兒食用。要將穀物飼料熟化,可以用烤箱設定100℃,烘烤2小時左右。如果烤箱最高設定溫度低於100℃,那就建議延長烘烤時間,例如用90℃烘烤3小時。烤完的穀物飼料外觀不會改變,也不會有燒焦的現象,但是味道明顯更香。

經過熟化的飼料,具有下列優點:

(1) 穀物中的澱粉分子適當受熱熟化後,會產生「糊化作用」,澱粉結構改變,使得碳水化合物能更有效地被酵素所分解,提高生物利用率,也就是所謂的易吸收、好消化,同時也增加了穀物飼料的單位熱量。

(2) 熟化的過程中，會殺死昆蟲、蟲卵，免除寄生蟲的問題。

(3) 熟化的過程中，會使穀物更乾燥，降低部分細菌、黴菌的族群數量或活性，也讓菌類感染鳥兒的機會降低一些。

(4) 熟化飼料更香，適口性更佳。

有些簡易的加熱方式，例如使用鍋子翻炒飼料，其實也可部分熟化，但是翻炒溫度不易掌控，也無法均勻加熱。因此，理想的穀物飼料熟化加工，還是需要使用烤箱類的機器較佳。市售專業級的烤箱爐具（可加溫至200～300℃），許多電壓為220V，體積也較大，一般家庭可能無法配置，但仍有許多較小型的家庭式烤箱爐具可供選擇。

市售的小型食物乾燥機，也可以進行飼料加熱熟化。

(三) 小草鸚鵡的副食品

穀類飼料可以是小草的主食，但長期單純只餵食穀物，其實並不足夠，原因如下：

(1) 穀物飼料混合的正確比例不易精算，通常每位飼養者習慣使用的比例和配方皆不同。長期單一餵食某些穀物可能導致營養不均衡，如穀物普遍缺乏維生素A、C、D等，以及部分的礦物質與微量元素含量不足。此外，只吃穀物的籠養小草，可能因運動不足而導致脂肪堆積，其中又以秋草鸚鵡最為常見。

(2) 穀物飼料因保存與效期的問題，可能隱藏黴菌、麴菌汙染等問題，長期單一食用會影響小草的健康。

　　話雖如此，穀物飼料仍具有適口性佳、容易取得、價格不高的優點，其實還是廣受飼養者所使用。要平衡餵食穀類飼料的優缺點，可以額外給予副食品與添加物。小草鸚鵡常見的副食品與添加物有：

(1) 滋養丸

　　滋養丸是人工配方的鸚鵡均衡食物，理論上它涵蓋鸚鵡所需的所有養分。此外，滋養丸價格不高，效期內未拆封前不會受細菌汙染，都是它的優點。滋養丸最大的缺點，就是適口性的問題，有些鸚鵡不曾吃過的話可能拒吃，

鸚鵡專用滋養丸有許多不同的品牌，也是不錯的補充食品。

因此改吃滋養丸需要適應和學習，如果是手養寵物鳥，從小開始學吃就完全沒有問題。一般建議以不超過25％的比例，混入穀物飼料中，讓小草們混著吃，我發現只要一段時間後，小草大多能適應。此外，開封後的滋養丸容易受潮變質，一段時間沒有吃完就要換新。

(2) 添加劑

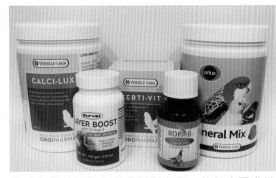

包括生物鈣、維他命、礦晶土、酵素、益生菌等，視情況添加。特別提醒，鳥兒在生病投予抗生素類的藥物時，需要停用這些補充品，因為這些物質可能

各式各樣的添加劑並非絕對必要，依個人需求做選擇即可。

會跟藥劑螯合，減低藥效。但是一旦療程結束，就要立刻補充鈣、維他命、益生菌等，重建腸道菌叢，對投藥後的狀況恢復至關重要。

(3) 天然原型食物

包含蛋黃粉、墨魚骨、胡蘿蔔、紅辣椒、深綠色葉菜、漿果、新鮮牧草等，都是小草鸚鵡的最愛。尤其是深綠色蔬菜與植物，能提供豐富的天然維生素、膳食纖維、礦物質，是體內益生菌重要的食物來源，對於重建腸道平衡、消除發炎反應扮演重要的角色。

對小草鸚鵡而言，提供的食物就是把握「乾淨、營養、均衡」這幾個原則。小草鸚鵡在籠養的環境內，基本上你給什麼牠們就吃什麼，因此在食物的選擇上要稍微用心一些，小草們回報給飼主的，就會是健康亮麗的外觀與狀態。

紅辣椒、無花果和綠色菜葉都很適合餵食小草鸚鵡。

自己動手DIY製作蛋米

　　蛋黃之於禽鳥，絕對是優質的蛋白質來源，易吸收、好消化。無論是幼鳥成長、病鳥康復、種鳥繁殖、老鳥安養，都是很好的添加物。尤其是對於繁殖期已經成熟的配對鳥兒來說，食物中添加適量的蛋黃，往往有促進發情與繁殖的效果。製作小型鳥的蛋米，人人手法不同，這裡分享簡單容易的做法，不需要複雜的設備就可製作完成。

　　首先，以製作1斤左右的蛋米為例，先準備1斤去殼的小米（粟），以及少許的去殼細多混合。之後進行烘烤熟化，或是用平底鍋小火慢炒，稍微將飼料炒熟。飼料熟化稍微冷卻後，加入蛋黃但不加蛋白。將3～6顆不等的蛋黃與1斤的熟化去殼小米混合，攪拌均勻後，可以再加入粉狀食品添加物，例如加入食用藍藻粉或蔬菜粉，可提高植物性蛋白、葉綠素、礦物質與微量元素。此外，也可加入維他命粉、酵素等。務必記得，粉狀的營養添加物皆不耐高溫，和蛋米一起攪拌後，就不可再以40℃以上的溫度進行加熱。

 ## 蛋米的製作

❶準備一個適合翻炒的平底鍋，稍微翻炒去殼小米。　　❷選擇來源安全的雞蛋，將蛋白與蛋黃分離。

熟化小米、蛋黃、粉狀營養劑混合均勻後，使用面積較大的容器裝起來，用電風扇直吹，加速乾燥過程，如果天氣很好，也可放在太陽下平鋪曬乾。蛋黃的黏性會使粉狀營養添加物緊緊地抓在米上。飼料乾燥後，再以洗乾淨的雙手，將結塊的飼料搓開，讓顆粒飼料一粒粒分散開來，就可以給鳥兒吃了。

　　蛋米若有多做的，一定要放冷凍保存（不可冷藏），常溫下蛋米3天內食用完畢為佳，吃完再添加新的。冰箱拿出來的蛋米，可以用低溫再炒一下，散掉水氣後再給鳥兒吃，切記不能高溫，會導致營養流失。特別提醒，蛋米是很好的營養補充品，某些不溶於水的藥粉使用蛋米一起攪拌餵食小草鸚鵡也很適合，但是蛋米的營養比較單調，不可取代全部的主食。

　　以上DIY做蛋米的方式，過程簡單快速，也無須特殊設備，飼主們可以在家裡試做看看。

許多廠商有販售鸚鵡專用的蛋黃粉，也是不錯的營養補充品。

❸將雞蛋與蛋米均勻攪拌與混合。

❹視需要加入營養劑、藍藻粉等。

❺乾燥後即可使用，吃不完須冷凍保存。

(四) 小草鸚鵡的飲用水

自來水在臺灣十分普及，水龍頭一打開水就流出來，拿來飼養鸚鵡實在很方便。然而，對小草鸚鵡而言，真的適合直接給牠們喝自來水嗎？

在國外電影中，常常會看到人們打開水龍頭裝水、直接生飲的橋段；但在臺灣的我們，習慣上至少都會把水煮沸，或是使用淨水器過濾之後才喝。依據官方資料，其實臺灣的自來水也都有符合「飲用水水質標準」，也就是自來水廠處理完之後的水皆可生飲。然而，連自來水公司自己的公開資訊，也都不建議民眾直接生飲自來水。

自來水公司表示：「供水皆經取得環保署認證之各區處檢驗室定期及不定期檢驗，及環保單位不定期抽驗，均符合『飲用水水質標準』，也就是說所有的自來水皆可生飲，但因國內時有開挖馬路挖斷管線，修理管線之情形，且用戶多裝有蓄水池或水塔，如沒有定期清洗，恐有被污染之虞，故本公司並不鼓勵生飲。」

換句話說，水源從水廠處理好一直到你家水龍頭出口，自來水可能會有下面問題：

(1) 自來水的必經管線老舊、破管率高
(2) 家裡的水塔汙染，經過蓄水池與水塔的儲存，水質可能已經產生變化。

被汙染過的自來水，水中的汙染物質，可能會有重金屬、有機化合物、細菌、雜質等，每戶的情況不同，但共同點就是不夠乾淨，這也是大部分的人不會生飲自來水的原因。

同樣的道理，若小草鸚鵡直接飲用自來水，生病風險可能升高！

雖然以實務來說，短期或偶爾飲用
自來水似乎沒什麼問題，但若長期
飲用，那麼當小草生病時，飲水污
染或許也是原因之一。

以人來說，如果長期飲用未處
理的自來水，也可能會拉肚子或生
病，雖然不至於威脅到生命安全，
但是我們也不會去生飲自來水，更
別說是體型嬌小的小草鸚鵡。因
此，沒有處理過的水，基本上不建
議提供給小草鸚鵡長期飲用。

盡可能提供處理過的水給小草飲用。

(五) 小草鸚鵡的飲食禁忌

如同大多數的鸚鵡一樣，因為先天的生理限制，小草鸚鵡不可食
用部分食物，有些食物小草無法代謝與消化，有些會造成肝腎的負

擔，有些則會產生毒素，
嚴重時甚至導致小草死
亡。絕對要盡力避免或特
別留意的食物，列舉如
下：

(1) 人造零食：巧克力、
　　包裝洋芋片、甜甜
　　圈、加工餅乾、糖果
　　等。

人造零食含有較多的糖、鹽，以及多種人工添
加物，對鸚鵡來說是危險的，應該避免餵食。
照片來源／秋草閣　阿克

(2) 含咖啡因的飲料：包含咖啡與茶葉。

(3) 所有的酒精飲料與氣泡飲料。

(4) 食用菇類：香菇、草菇、蘑菇等。

(5) 乾燥豆類，如四季豆、角豆、荷蘭豆等。

(6) 薔薇科水果的種子，包含蘋果、梨子、桃子、櫻桃的果核。

(7) 芹菜、波菜、青蔥、大蒜、發芽馬鈴薯、韭菜，或有毒性的樹葉等。

(8) 有農藥殘留的蔬菜水果，尤其是甜玉米，要特別小心。

(9) 高麗菜、番茄、酪梨、香蕉、芒果、葡萄等，極少量可，但不宜過多。

酪梨（牛油果）含有Persin，該成分對人類無害，但對於動物可能有毒性，請盡可能避免。

提供天然、乾淨、無毒的食材，才能確保小草鸚鵡的健康。　照片來源／Lihan Hong

第四章

規劃你的小草鳥舍

(一) 適合小草鸚鵡的飼養環境與籠具

　　無論飼養小草鸚鵡是打算當作寵物、單純觀賞，或是體驗繁殖的樂趣，在擁有或購買之前，都應該先幫牠先布置好生活環境。

　　筆者剛開始飼養小草時，第一對秋草鸚鵡使用寬45公分（約1.5呎）的籠子飼養。雖然只有一對，但是養了一陣子之後，發現鳥兒的狀態不算好，感覺有點慵懶，而且羽毛的狀況也不佳，略顯凌亂。之後鳥舍又陸續加入了光輝、桔梗等小草鸚鵡，嘗試繁殖，也參觀了其他飼養者的小草鸚鵡鳥舍，對適合飼養小草鸚鵡的籠子與環境，慢慢地歸納出一些心得與要點。

　　籠具方面，飼養小草的籠子到底要多大才適合？其實沒有標準答案。依據飼養目的與功能不同，應有不同的調整，一般建議以方型的籠子為首選，飼養多隻的情況下儘量不要選擇圓型、屋頂型等不規則的造型鳥籠。

方型的籠子較適合飼養小草鸚鵡。
照片來源／秋草閣　阿克

　　以剛學吃的新鳥階段來說，這個階段的鳥，需要的是「安全友善」的環境，畢竟剛剛離開親鳥，也才剛學會獨立進食，要努力適應新世界。因此這個階段的籠子不需要太大，鳥兒會比較有安全感。一般建議使用寬約60公分（約2呎）的籠子，棲木放低，多布置幾處飼料盒和飲水處在鳥籠四周，如有可能，找一兩隻個性溫和友善的小草作為陪伴者，更有穩定新鳥的作用。若以上條件皆完備，那麼新鳥很快就會度過適應期，愈來愈穩定、獨立。

學吃階段的小草鸚鵡，籠子不需要太大。
照片來源／秋草閣　阿克

桔梗鸚鵡與牠的籠子。
照片來源／Yabu SayYo

　　當幼鳥度過了離巢到完全獨立的這個時期，慢慢地學會控制跳躍、飛行等動作，也發展出和同伴之間的互動模式，這時就可以考慮移到大一點的籠子，增加鳥的活動量。這階段的籠子愈大愈好。大空間讓鳥兒可以儘量飛翔，增強肌肉控制，如果能搭配定時的日照與水浴，對健康更是大大地加分。

　　在北美或是歐洲，當地的養鳥人常常讓鳥兒在一個房間大小的飛行籠活動，鳥兒可以盡情飛翔。但空間大小因人而異，尤其是居住於都會地區的飼主可能無法擁有空間條件，因此退而求其次，至少要考慮籠子尺寸對應鳥隻密度的問題。寬75公分（約2.5呎）的籠子，最多可以飼養3～5隻小草；寬90公分（約3呎）的籠子，最多飼養4～7隻，大概勉強可以接受。飼養密度太高，鳥的健康很容易出問題，如有可能，給小草鸚鵡的空間還是愈大愈好。

　　至於準備配對繁殖的成熟對鳥，須考慮籠子的配置問題。歐洲飼養者常用的半戶外繁殖籠，空間都不小，2立方公尺以上的空間十分常見，用大籠子繁殖小草不會是一個問題。當然，繁殖籠不是愈大愈好，籠子太大有時可能降低互動，但是籠子太小絕對有害健康，因擁擠導致運動不足。

筆者曾經看過有飼養者使用45公分寬的鐵籠，並內置繁殖箱用以繁殖秋草鸚鵡。籠內空間非常狹小，尤其當幼鳥出巢時更是擠到不行，非常不恰當。小草的繁殖籠至少應該使用60公分寬的籠子，且巢箱掛於籠外，此空間配置是筆者認為的最低標準。如有可能，使用大於75公分寬甚至更大的籠子、巢箱外掛配置，會是更好的選項。

1 大一點的籠子可供小草鸚鵡
運動與飛行。
照片來源／秋草閣　阿克

2 大空間飼養下的光輝鸚鵡，
羽色亮麗。
照片來源／Jacqueline Wagener

(二) 以育種繁殖為目的之鳥舍籠具規劃

　　小草鸚鵡體型小、顏色鮮艷、叫聲好聽，外型迷人，很適合作為家庭觀賞鳥或手養寵物。如果單純是為了觀賞或陪伴飼養一兩隻小草鸚鵡，那麼，找個自己喜歡的外型，加上空間不要太小的籠子，興許就能愉快地飼養。然而，如果希望享受繁殖的樂趣，甚至系統性地針對不同的羽色基因加以培育，那麼建立一個適合小草繁殖的鳥舍，絕對需要事前仔細考慮與妥善規劃。

　　一般來說，一個飼養小草繁殖的鳥舍，至少需要三種類型的籠子，依據不同的功能來區分，分別為：

小草鳥舍須配置不同大小與功能的籠子。
照片來源／秋草閣　阿克

(1) 飼養籠

　　簡單來說，就是單純養鳥的籠子，讓鳥兒可以在裡面安全的生活。飼養籠依功能的不同還可細分，用於新鳥學吃、中鳥育成、病鳥隔離、產後恢復、打架區隔、老鳥養老等。飼養籠沒有固定大小，我認為60～90公分寬的籠子都算適合，大一些也沒關係，唯一需要注意的是之前提過的飼養密度，如果是60公分的籠子，不可飼養超過4隻小草。空間允許的情況下，飼養籠準備多一些比較好。

飼養小草，密度不宜過高。　　照片來源／秋草閣　阿克

(2) 繁殖籠

顧名思義，就是繁殖期時成熟對鳥用來繁殖的籠子。小草的繁殖籠，就是籠具加上巢箱的組合。之前提過，籠子儘量不要小於2呎（巢箱外掛），能夠使用75公分寬以上的籠子搭配外掛巢箱的方式更佳，繁殖用的巢箱其實沒有固定形式或尺寸，市售的

配對繁殖中的成熟黃桔梗對鳥。
照片來源／小草天地　阿鴻

牡丹鸚鵡巢箱，尺寸大約長20公分×寬20公分×高25公分就很適合，也可稍作增減，要注意的是，巢箱應注意到通風的設計。

　　夏季時建議將巢箱的入口封起來，不要讓小草在高溫時繁殖，一般來說，每年10月到隔年5月，是較適合小草繁殖的季節。過了繁殖季進入盛夏，將巢箱入口封住，小草自然就會休息。雄雌種鳥也可以考慮利用此一休養期進行重新配對，這時候的繁殖籠，其實也就是一般的飼養籠。

繁殖籠必須配有巢箱。　照片來源／秋草閣　阿克

(3) 運動飛行籠

　　小草原產於澳洲大陸，以光輝鸚鵡為例，原產地活動範圍主要位於東南方沙漠及乾燥的短草原地區。原生地的光輝鸚鵡在草原地帶水源不足的情況下，是逐水而居的游牧民族，必須飛越大片沙漠以獲得水源，因此，小草鸚鵡是善於飛翔的鸚鵡。

　　籠養的小草，無論是繁殖籠或飼養籠，都無法讓牠們盡情展翅，籠養過久，可能出現脂肪堆積、過胖、精神不佳、翅膀下垂等問題。解決之道就是準備大型一點的籠子，讓牠們能盡情活動與飛翔。

若空間有限，小一點的飛行籠仍可以讓小草鸚鵡運動。　照片來源／秋草閣　阿克

運動飛行籠的空間愈大愈好。　照片來源／Jacqueline Wagener

之前提過，若空間許可，飛行籠當然是愈大愈好，最小也要有長150公分×寬45公分×高70公分左右，才具備飛行運動的功能。鳥兒在大籠內移動，可以增加展翅飛行的機會，對小草鸚鵡的健康幫助很大。

　　以上三種類型的籠子，是小草鸚鵡鳥舍中的必要配置，在鳥舍建置之前，就建議依據實際場地狀況，事先規劃與配置。開始飼養後如果有大規模的更動，對鳥兒的干擾都將大幅增加。

(三) 新進鳥隻的管理

　　無論是飼養任何一種鸚鵡或觀賞鳥，飼養者都有責任為牠們營造最安全舒適的環境，尤其是對於新進鳥舍的小草鸚鵡而言更是如此。

　　剛取得新的小草鸚鵡，無論外觀看起來健康與否，建議都應該要隔離飼養。隔離飼養的場所必須與主要鳥舍分開，屬於完全獨立的空間，大約觀察2週，如果沒有健康疑慮或明顯發病，即可將新鳥納入常規鳥舍。納入鳥舍之後，仍須注意：

(1) 環境方面

　　新入舍的鳥隻先使用沒有巢箱的飼養籠，暫時不要放入飛行籠。建議使用約75公分寬的籠子。如果是剛斷奶的中鳥，使用小一點的2呎籠子會更好，對於剛學吃的中幼鳥而言，小籠子會讓鳥兒更有安全感。剛進鳥舍

新進鳥隻最先好隔離飼養，並觀察其狀況。
照片來源／秋草閣　阿克

的新鳥不要跟舊鳥混養，因為老鳥可能欺負菜鳥，多餘的干擾也可能讓新鳥很緊張。

在鳥舍的籠子中住3～7天後，視情況加入個性溫和的同種鳥，可以加速適應和穩定。如果新進鳥隻年紀小，且只有單獨一隻，那麼可依情況提早加入一隻溫馴的夥伴（原鳥舍的舊鳥），能夠陪伴和帶著新鳥吃飼料，但一定要確定陪伴鳥的個性溫和。此階段須多加注意新鳥的精神與吃料的狀況，若沒有進食，或是無精打采、羽毛蓬鬆，就要趕緊處理。

再次提醒，新鳥不要放入飛行籠，以免牠要一邊適應，一邊堤防環境壓力，即便老鳥不欺負牠，在飛行籠裡飛來飛去的其他鳥隻，都可能成為剛入舍新鳥的壓力來源。

(2) 食物方面

新的小草鸚鵡剛進新籠，儘量在籠內不同地方放置不同食物，建議放一些原飼主就有在使用的配方，在買鳥時記得順便跟原飼主拿一些。此外，可以加入去殼葵花子、尼日子、黑芝麻、草籽等高熱量且偏軟的食物，以及你自己鳥舍的一般飼料。如果新鳥是剛獨立的中鳥，那麼籠內棲木不要放太高，以防有些年紀小的鳥會因為緊迫而停在木頭上不敢下來。

新入舍時期籠子的水罐可以多放，例如一個籠子配置兩罐水瓶，盡可能貼近地面或棲木旁，讓新鳥容易找到水源。飲用水中可添加電解質幫助吸收，之後再補充活菌以及維他命。

適當補充電解質和活菌，可以稍微舒緩小草鸚鵡的壓力。

(3) 溫度適應

　　小草鸚鵡一般無懼低溫，不太怕冷，就算寒流來襲也都問題不大，但小草最怕在低溫的情況下又吹到冷風。因此，一定要確保新進中鳥不會受到冷風吹拂，該冷風是指冬天的寒風。夏季天氣良好時，溫和的對流就屬必要，在高溫的情況下，空氣流通更為重要。但冬季低溫時一定要避免冷風直吹，對新鳥而言更是如此。若溫度降至10℃以下，一定要檢視環境是否防風，如果能在鳥籠配置不發光的陶瓷聚熱燈（沒有光線只有熱能），對鳥隻更為安全。

　　當你用了這些措施，而鳥兒也度過了前期的十幾天，你會發現牠愈來愈穩定，不再容易驚慌，而且活力明顯增加，甚至你在旁邊也怡然自得地鳴唱或進食，那麼你已經幫新鳥們度過了最危險的時期，之後的管理回歸正常模式即可。

(四) 小草鸚鵡鳥舍的夏日管理

　　相較於寒冬的低溫，每當時序進入夏季，熱帶或亞熱帶地區的小草飼養者們（包括臺灣）想必繃緊神經，準備迎接又一波的酷暑降臨。在所有的環境變數中，對小草鸚鵡影響最大的就是高溫。由於全球暖化，大約從5月開始，臺灣皆屬炎熱，直到9月之後溫度才會逐漸下降，熬過炎夏、進入秋季，小草們才能較為舒適地準備進入新一波的繁殖期。

全球暖化現象，導致夏季氣溫居高不下。

高溫與悶熱對小草會有哪些影響呢？小從食慾不振、「性」趣缺缺，大至疾病叢生，甚至死亡，高溫對小草的影響不言而喻。高溫也許不會直接殺死小草，但卻是一個很強的誘發因素。具體來說，幾乎每隻小草體內，多少都有寄生蟲或是壞菌，無論多麼地努力驅蟲或除菌，也絕對不可能保持體內蟲菌數為零。平時涼爽舒適的天氣，鳥兒狀態好、身體免疫力佳，能夠與這些少量的外來物和平共存，不會發病。但是一旦面臨高溫，小草精神不濟、胃口不佳、免疫力下降，加上高溫與高溼正好是蟲、菌偏愛的環境，此消彼長，小草的健康就會出問題。常見的高溫併發症，諸如下痢（腸胃道症狀）、呼吸道感染、眼睛痛（可能為披衣菌類的單眼傷風）、黴菌或念珠菌感染等。幾乎許多所知的小草疾病，都極容易發生於夏天。

　　針對夏季高溫，鳥舍環境可以努力的因應之道如下：

(1) 環境方面

　　加強消毒：我的鳥舍在夏天都會定期消毒與除蟲（體外寄生蟲），消毒劑來說，我使用衛可消毒粉與F10消毒水，稀釋成噴劑，每週噴灑於底盤及鳥舍地面，繁殖期結束後，也會一併消毒舊的鳥籠與巢箱，其效果良好。當然，例行性的清潔工作也不可馬虎。體外寄生蟲方面，可以使用鴿羽清（有機鹽類）或噴噴樂（除蟲菊類），針對鳥體與環境定期噴灑，可以有效抑制鳥隻身上與環境中的寄生蟲。此外，底盤的報紙也要提高替換頻率。

體外寄生蟲藥劑除了用在鳥兒身上，也可用於環境除蟲。用藥時須按照說明指示。

(2) 飲食方面

　　夏天的飲水一定要每天更換，若飲水中有投藥或使用維生素，更要每12個小時就換新。水罐每週清洗並晾乾，水儘量提供處理過的飲用水。飼料盡可能定期完全換新，不要以新加舊。新鮮蔬果則儘量提供，但是要注意保鮮。

(3) 設備方面

　　許多鳥舍的溫度在夏天可能高達37℃以上，小草的體溫也差不多37℃，超過這個溫度，等於是活在一個比體溫高的環境，絕對會有問題。然而，同樣是37℃，有些鳥兒仍活蹦亂跳，有些卻奄奄一息，這其中的關鍵可能就是通風。我認為溫度僅為參考因素，適當的通風才是重點。

　　筆者的鳥舍，冬天時只會開窗戶，保持空氣自然進出，但是夏天就不同了。鳥舍中配置兩台風扇，一台吸風入鳥舍，一台強迫往外抽，營造空間中的空氣持續對流。通風的好處除了帶來涼爽，最重要是細菌減量。環境中的微生物，藉由良好的通風，可以保持在相對較低的濃度。

　　我認為小草鸚鵡不是很怕高溫，光輝鸚鵡在原產地就是生活在沙漠與矮草灌木叢的地形環境，但如果飼養環境悶熱不通風，那就很容易導致鳥兒發病。夏天時，飼主可以試著在最熱的中午，在鳥舍待上一段時間，若環境溫度高到無法忍受，那麼鳥兒一定也會不舒服，更何況鳥兒需要披著厚羽毛在鳥舍待24小時。因此，夏季鳥舍的隔熱、降溫與通風絕對有其必要。

　　夏天時也可以在籠內放置水盆，讓鳥兒水浴。洗澡也是很好的消暑方法。

在籠內擺一盆水，通常小
草會自行水浴，對消暑很
有幫助。
照片來源／秋草閣　阿克

集體玩水的小草們。　　照片來源／Lihan Hong

(五) 出遠門時小草鸚鵡鳥舍的安排

　　飼養寵物能夠增添生活樂趣，但是相對地，被寵物綁住的可能性也同時存在。對愛鳥一族而言，每天在小草鳥舍中的例行打掃、換水、換飼料，已經成為生活的一部分。然而，偶爾碰到家族旅遊、身體不適、公務出差、出國度假等超過3天以上無法整理鳥舍的情況，常常會讓飼主困擾。如果出門幾天家裡又沒有人在，小草鸚鵡該如何照顧？若飼主必須進行1週以內的離家外出，可參考以下作法。

　　從小草鸚鵡的需求出發，小草們每天在鳥舍生活，其實要求不多，不外乎就是環境清潔、溫度適當、通風良好、食物充足、飲水乾淨與環境安全。若飼主出門在外，但仍然能夠大致滿足這些條件，那麼都可以稍微放心。針對3天以上不在家的情況，飼主需要的準備如下：

(1) 出門前1～2天，務必清潔環境

在出門前，最好是前一天的下午或晚上，對鳥舍仔細地做一次打掃與消毒。清洗底盤、打掃地板、環境仔細消毒，並用拖把和抹布確實擦乾水漬，務必在出門前確保鳥舍是最乾淨的狀態。當活動結束之後回到家裡，再進行一次全面打掃。請務必記得，離開前千萬不要在鳥舍留下未清理的垃圾或是任何容易腐壞的食物（如水果），以防孳生蚊蟲與細菌。

(2) 調整適當的溫度

冬夏季節出門前要做不同的安排，尤其是門窗開關範圍的評估。若是盛夏出門，所有能開的門窗儘量全開，若是冬季，就要評估一下天氣與溫度，並思考開啟門窗的幅度，尤其是入夜後的冷風與低溫，一定要列入考慮，但是千萬不要因為天冷就門窗全閉，適當且溫和的通風對小草鸚鵡是很重要的。

(3) 良好的通風

配置固定的對流風扇，視情況增加移動式風扇，防止夏季高溫。夏季時開啟風扇，使鳥舍的空氣對流，並輔助自然通風，另須注意風扇的風量與風向，不可對著鳥兒直吹。

冬季時則建議只開單面窗，阻擋強風吹拂，可合併使用風扇強制排氣。24小時循環定時器是飼主不在家時的好幫手，依照季節、日照和溫度等，以定時器設定每天自動開啟與關閉的時間，儘管人不在家，也可藉由此設定控制日夜的溫度與通風。

循環定時器是控制鳥舍燈光、通風設備的好幫手。

(4) 提供充足的食物

　　出門在外當然必須多放一些食物給小草鸚鵡，但是重點並非食物的量，而是飼料盒的配置與內容物。出門時應增加飼料盒的數量，例如從原本的1盒，增加至2～3盒。飼料也不會只放平常的有殼綜合料，而是將大約50％的飼料，改成簡單的去殼飼料，無殼飼料除了能確保飼料充足，也比較不會弄髒環境。另外也可增加滋養丸的比例，但不要提供新鮮蔬果，以防食物腐壞。

(5) 確保飲水的潔淨

　　出門多天，飲水瓶的設置重點不是水量，而是要盡可能保持飲用水的潔淨，因此要準備分散的多支水瓶。鳥吃了飼料再喝水，飲水混合飼料就會開始孳生細菌，1～2天不換水沒什麼問題，但太多天一定不行，應多放幾支水瓶供鳥兒飲用，延緩飲水劣化的速度。

　　筆者的做法是，不在1天就增加1支水瓶（例如外出3天，就使用3支水瓶），以此類推。除了增加水瓶數量，還可在飲水中加入鳥類專用的有機酸添加劑或抗菌溶液，如牛至精油等。牛至精油為天然的

出門多天一定要增加
籠內的水瓶數量。

抑菌物質，加入水中可延緩飲水內的細菌生長，且能安全地讓鳥兒飲用，長期不在時，對於保持飲水潔淨是很好的輔助品。

(6) 環境安全

　　人不在家，同時也要注意犬、貓、老鼠、外來生物、小偷等威脅，該關的門窗要關好，出門前務必仔細檢查，有些郊區甚至要防範蛇類或猛禽的侵入性攻擊。

　　若能達到上述條件，那麼偶爾在不得已的情況下必須出門3～6天，對小草鸚鵡來說應該不會有太大問題。但如果出門的天數太長，建議還是要找人到家幫忙照顧，或是送鳥兒到可以寄宿的地方。

部分鳥店有提供鸚鵡寄宿的服務，是飼主出遠門時的好幫手。
照片來源／台中金瑞成鳥園

(六) 梅雨季節與潮溼天氣的鳥舍管理

　　熱帶或亞熱帶氣候，一年當中常有雨季來臨。以臺灣來說，每逢梅雨季節陰雨連綿，呼吸之間都能感受到大氣中充盈的溼氣。環境中長時間充滿過多的水氣，人會感到不舒服，對鳥兒也會有負面影響。

　　環境溼度高，容易造成細菌和黴菌的孳生，無論是鳥舍或飼料，都有發霉及菌類感染的風險。雖然我們能掌控的有限，但仍然可以透過一些努力，降低長期高溼度所帶來的傷害，以下簡單列舉分享。

(1) 適當通風

　　此乃老生常談，通風對各季節的鳥舍都是重要的，但在梅雨季節我會額外加強，讓空氣更有效率地對流。在高溼的環境下，良好的空氣對流，無論是對降低物體表面溼度，或是提升體感舒適度，均有幫助。但是切記，千萬不要以強風直吹鳥兒，鳥兒喜歡溫和的空氣對流，強風直吹會導致生病。

建議在鳥舍或飼養空間裝設可幫助空氣對流的風扇。

連日陰雨會增加病菌感染的風險。

(2) 飼料管理

穀類飼料平時做好密封，乾燥保存。溼度高時，一次不要給太多，3～5天就全面更新一次，不要以舊混新，務必要全面換新，這樣可以避免飼料變質、發霉。如有可能，提供熟化飼料並時常換新，可有效將低黴菌感染的風險。

穀物飼料應確實密封，並保存於陰涼乾燥處。

(3) 環境清潔

加強底盤的清潔頻率，乾燥涼爽的氣候下，可以一週清潔一次底盤，但是在高溫高溼的條件下，建議兩天就要清理一次。無論是報紙換新或是底盤刷洗，都需要增加清潔的頻率。此外，鳥舍的潮溼、積水等，更要積極處理，強化打掃，盡可能讓鳥舍保持在相對乾燥的狀態。如果能搭配使用安全無害的全效型消毒水（如稀釋酒精、衛可消毒粉、F10溶液等），效果更佳。此外，換下的舊飼料、髒汙報紙等，不要留在鳥舍太久，避免細菌孳生。

(4) 預防性投藥

在連日下雨或是雨停之後出大太陽的天氣，很容易觸發鳥的細菌增長，因此除了在「鳥舍環境」做努力，也可以適當地預防鳥兒體內本身的病菌。除了充足的營養與輔助添加劑之外，有些動物藥廠有生產相關的抗菌藥品，可與獸醫師討論後依照建議使用。

第五章

小草鸚鵡
的繁殖與孵化

(一) 繁殖準備：營造有利於小草繁殖的鳥舍氛圍

　　小草鸚鵡從破殼日起算，通常2個月之內就能獨立進食。大約在6月齡時，雖然年紀還小，但有些已具備初步的繁殖能力。在1歲左右，大部分的小草鸚鵡都已接近性成熟，可以準備進行繁殖。

　　若你即將或已經建立了一個小草鸚鵡的鳥舍，相信你一定很期待心愛的小草能夠繁殖並產生後代，但是有些鳥友可能會有點納悶，小草鸚鵡確定性別為一對，巢箱也放置妥當，為何小草們就是遲遲沒有繁殖的跡象？心中不免疑惑，是什麼因素導致繁殖狀況不理想？

　　影響小草鸚鵡繁殖意願的因素很多，包含性成熟度、疾病、基因、環境、食物飲水、營養添加，甚至鳥兒彼此是否有好感等。但針對「鳥舍繁殖氛圍」的營造，飼主也許可以稍微努力與經營。「鳥舍繁殖氛圍」指的是鳥舍的環境與氣氛，簡單來說，就是營造一個讓小草鸚鵡可以安心，進而願意交配的鳥舍環境：

(1) 營造感到安心的環境

　　環境包括溫度、通風、清潔、採光等面向，這些雖是老生常談，但最為重要。待在鳥舍的時間，除了換水、換料、清潔打掃、觀察鳥兒之外，還要敏銳地感受鳥舍的安全性與舒適性，這裡提供一個簡單的標準，如果鳥舍的環境飼主覺得舒適，待久也不會不舒服

繁殖小草鸚鵡的樂趣無窮，值得嘗試。
照片來源／秋草閣　阿克

（不會太熱、太冷、太臭、太髒、太多粉塵等），那麼大致就是合宜的環境。此外，對於第一次繁殖的小草鸚鵡而言，安靜、隱蔽的籠具擺設與巢箱布置會提升牠們的安全感，也較容易進入繁殖模式。

(2) 聲音氛圍

　　小草雖不算非常膽小，但與中大型鸚鵡相比，的確較為敏感。筆者曾聽聞，某間小草鳥舍附近有人在晚上放鞭炮，隔天籠內的小草鸚鵡便死傷慘重，推測是小草鸚鵡在黑暗中受到驚嚇，導致衝撞而死。因此，鳥舍中僅飼養小草鸚鵡以及較安靜的小型鳥，與鳥舍中也飼養其他吵雜類鸚鵡（如巴丹鸚鵡、金剛鸚鵡等）相比，在氛圍上就會不同。但這並非指小草不能與吵雜的鸚鵡共存，事實上小草和大型鸚鵡混養（不同籠具）也沒有問題，但若是以繁殖為目的，那麼噪音干擾多少會有影響。對於準備繁殖的小草鸚鵡而言，可能要多花一點時間適應。

大型金剛鸚鵡的叫聲響亮刺耳，若共同飼養可能會影響小草鸚鵡的繁殖意願。
照片來源／Aoudew Chen

(3) 氣味氛圍

氣味包含兩個方面，第一跟衛生相關，鳥舍勤打掃、常消毒、維持通風都是必要的，在此不贅述。對繁殖而言，另一項至為關鍵的重點是：鳥舍的「繁殖氣味」。

不知鳥友是否有發現，只養兩對小草，和養了二十對小草，在繁殖期的氛圍會完全不同。理由很簡單，一對成熟的鳥兒，在發情、求偶、交配時，會釋放特殊聲音與訊號，如交配時雌鳥低蹲的發情叫聲、發情時糞便散發的費洛蒙氣味、雄鳥求偶時的鳴唱聲，以及育雛時幼鳥的索食聲等，都是一對鳥在繁殖過程中會產生的環境元素，而這些「氣氛」對於小草鸚鵡的配對繁殖，其實是非常有幫助的。

每當時序進入繁殖期，鳥友們可以試著營造所謂的「鳥舍氛圍」，相信氣氛良好的鳥舍，定能增加小草們的「性趣」與產能！

(二) 小草鸚鵡的巢箱、墊材與產蛋前準備

鸚鵡在原生地大部分是以天然樹洞（少部分使用岩縫）作為哺育下一代的場域，大自然環境下就地取材、因地制宜，族群仍可生生不息地繁衍，因此樹木的保護與健全的生態系統息息相關。

原生地的小草鸚鵡大多是利用樹洞築巢繁殖。
照片來源／Jacqueline Wagener

然而在人工環境下繁殖小草，鳥兒只能使用飼主提供的環境與材料，沒有太多選擇。所幸小草鸚鵡對於繁殖環境的容忍度很高，只要提供簡易的木製巢箱，小草們也能欣然接受。依據筆者觀察過許多小草鸚鵡飼養者的配置，無論是較小型的虎皮鸚鵡巢箱，或是稍大一些的牡丹鸚鵡巢箱，甚至更大的玄鳳鸚鵡尺寸，小草鸚鵡通通來者不拒，也多能在各種形狀與尺寸的巢箱中繁殖下一代。

普遍來說，小草鸚鵡對人工巢箱的接受度很高。　照片來源／秋草閣　阿克

　　除了巢箱外，通常也會在巢箱底部鋪上墊材，增加柔軟度並方便清潔，甚至可以小幅度地調節溫溼度。墊材無論是稻草、牧草、木屑、碎木塊等，小草的接受度也都很高。若使用稻草墊，有經驗的雌鳥會先以嘴巴咬斷部分纖維，讓底部變得更為細碎、柔軟，甚至布置成碗型，呈現中間低、周圍高的狀態，以利固定鳥蛋的位置，使巢箱內部成為理想的育雛環境。然而有些新手媽媽經驗不足，可能會直接在硬梆梆的稻草墊上面產蛋，就可能造成蛋殼壓傷，或是幼鳥孵化後受傷的風險。遇到這樣的雌鳥，可以給予一些協助，幫忙布置。

巢箱內提供適當的墊材，可以保護鳥蛋及幼鳥。

如果雌鳥沒有經驗，飼主也可以協助布置巢箱內部。

　　在全新的稻草墊上，於中心點以美工刀劃幾刀，切斷稻稈的纖維（模仿雌鳥咬巢），之後鋪上細木屑，主要功能為填縫、增加蓬鬆度，最後可以鋪上木屑或乾燥牧草，將巢箱布置成一個碗型。若牧草太長，可用剪刀稍微剪短。天然的乾燥牧草，可以直接購買兔子吃的飼料，柔軟滑順，且帶有淡淡的草香，如此小草在孵蛋的過程中，也能感受到些許大自然的元素。此外，有些鳥友習慣直接使用木屑，鋪底大約4～6公分厚，也很適合。

　　小草鸚鵡對巢箱環境的繁殖包容度很大，即便只是給牠一個木盒，丟一些簡易的墊材，鳥兒也能照樣生養幼鳥、繁衍後代。

(三) 人工孵化技術

　　大部分的小草在交配產蛋後都是盡責的父母，可以負起孵化、哺育、照顧幼鳥的責任。從雌鳥產下第一顆鳥蛋起，就是繁殖者滿心期待的時刻了。小草雌鳥通常會產下3～6顆蛋，其中以4顆較為常見，多數的雌鳥在產下第

小草鸚鵡的孵化期約18天。
照片來源／秋草閣　阿克

3顆蛋左右時，會開始孵蛋。

　　然而，從配對、產蛋到幼鳥破殼，過程中存在許多變數。由於一些不能掌握的因素，可能導致雌鳥無法進行孵化或孵化失敗，例如雌鳥的經驗不足，產蛋後沒有孵蛋，或是因為生病、死亡而導致過程中斷，又或者胚胎遭到細菌感染（沙門氏菌）、環境溼度誤差值過大、破殼時雌鳥過度介入等。為了避免上述風險以及最大程度地挽回小生命，有些情況下，少數較有經驗的飼主會使用孵蛋機進行人工孵化。

　　一台設計精良的孵蛋機，有可能從第一天開始就取代雌鳥的工作，全程輔助直到鳥蛋孵化。孵蛋機內部需要營造乾淨、少菌的環境，並有精密控制溫度、溼度的能力，以及適當的翻蛋功能。不同種類的鳥蛋孵化難度不盡相同，原則上是愈小顆的鳥蛋，其人工孵化難度愈高，也就是說，以機器孵化小草鸚鵡的鳥蛋，難度可能會高於大

使用孵蛋機輔助孵化，需要嚴格的條件與足夠的經驗才能成功。

照片來源／魏俊傑

型鳥，如金剛鸚鵡。小草鸚鵡的鳥蛋體積小，孵化過程中鳥蛋可容許的變化值也較小，若要「全程」使用機器孵化小草的鳥蛋，孵蛋機的等級與精密度都要夠高。

要進行人工孵化的小草鳥蛋，從巢箱取出後，可以先用紙巾沾溼酒精，輕柔地消毒表面（須非常小心，以免弄破蛋殼），新蛋在胚胎未成形之前，千萬不可大力搖晃或施以大幅度的震動，避免胚胎發育成型失敗。在謹慎地消毒、去除髒汙後，可在室溫中放置24～48小時，讓氣孔適當收縮。還未開始孵化的受精卵，最好存放於乾燥涼爽的環境，夏季高溫時，有些養殖者甚至會暫時存放在冰箱內溫度較高的角落，之後再啟動孵化程序。

鳥蛋剛被產下時，內外兩層的卵殼膜之間會存在一個氣室，當鳥蛋冷卻後，內部會開始收縮，空氣也會從氣孔進到蛋裡。胚胎在蛋中發育時，會經代謝作用不斷產生水分，若這些水分無法順利蒸散出去，胚胎就會因蛋內水分過多而溺死。在適當溼度下，蛋殼的氣孔才能讓水分以水蒸氣的方式蒸散出蛋外，故隨著胚胎逐漸發育，蛋的氣室會變大，整體重量逐漸減輕。

因此，一台合格稱職的孵蛋機，要能精準地控制溫度、維持溼度，且具有適當的翻蛋功能，並能針對鳥蛋孵化過程的不同階段，進行不同的設定。正常來說，小草鳥蛋大約在孵化第18天之後破殼，前

期第1～15天時，溫度設定在37～37.8℃（範圍內溫度愈高，孵化時間愈短），相對溼度維持在45％上下，並輔以每天數次的轉蛋（防止胚胎沾黏壞死）最為理想。孵化破殼的前3天，

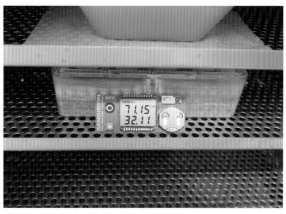

鳥蛋破殼時的溫溼度條件，與孵化期並不相同。

大約從第16～17天開始，溫度要小幅度漸漸降低，溼度則逐漸提高，並停止轉蛋，接著不用多久，就會看到鳥蛋表面出現啄殼裂點，幼鳥開始準備破殼。在破殼前，孵蛋機內的溫度可以降至36.5℃左右，相對溼度則提升至大約80％，此條件最利於幼鳥破殼成功。

許多鳥友會發現，小草鳥蛋在夏天時的破殼成功率較低，原因可能與溼度有關。臺灣夏季自然環境中的相對溼度一般在60％以上，不利於鳥蛋前期的孵化，前期若溼度過高，很容易導致胚胎死亡。一般的人工孵蛋機大多只能增加溼度，卻沒有除溼功能，當環境溼度過高時，就必須把孵蛋機放在有除溼功能的空間內（如有冷氣空調的房間），以利進行人工孵化。

(四) 孵化後期的人工輔助

有些經驗不足的雌鳥，在鳥蛋的孵化後期、幼鳥即將破殼之際，會有不當介入以致幼鳥死亡的情形，常見的狀況是雌鳥過於熱心地幫忙啃咬蛋殼，造成幼鳥過早出殼或遭啄傷，進而導致死亡。

為了確保幼鳥順利破殼，有些飼主會使用「破殼機」，作為幼鳥後期出殼階段的輔助，鳥蛋在前期仍由雌鳥自行孵蛋，只有在幼鳥出殼的前幾天才將鳥蛋移至破殼機內，讓幼鳥在人工的環境中破殼。其優點是可以排除部分變數，例如出殼時環境溼度過低，或是雌鳥不當介入破殼導致幼鳥死亡等。

　　如前面所述，理想的孵化條件為：孵蛋前期，溫度略高、溼度低；孵蛋後期，溫度略低、溼度提高。因此，後期若使用破殼機孵化，只需專注於幼鳥破殼的條件即可。

　　小草鳥蛋從開始孵蛋算起，約18天幼鳥出殼。飼主可以在1～15天時，交由雌鳥自行孵育鳥蛋，大約在15～16天時，將鳥蛋移至破殼機內，靜待幼鳥出殼（這時要提供無精卵或假蛋給雌鳥繼續孵）。破

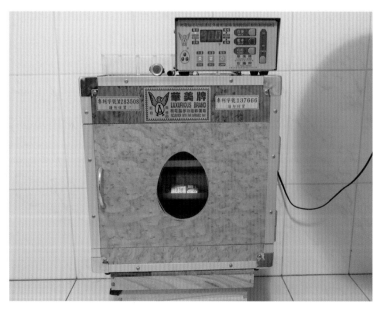

孵化後期讓小草鸚鵡在人工環境中破殼，比起全程孵化要容易許多。

殼環境的溫度約設定
在36.5～37℃之間，
溼度則大於75％，不
用翻蛋。當鳥蛋出現
第一個啄殼裂點時，
大約再過1～2天，幼
鳥就會破殼而出，破
殼後的幾個小時內，
將幼鳥放回巢箱內的
雌鳥身旁，基於本
能，雌鳥就會啟動育
雛模式開始餵食幼鳥。

育雛和餵養幼鳥是小草雌鳥的本能。
照片來源／Lihan Hong

　　破殼機其實也是孵蛋機，但是其精密程度與全程孵蛋的機器相比，要求相對較低。它不需要自動翻蛋的功能，只要能提供恆定的溫度與溼度就算合格。破殼時期使用人工輔助並非絕對必要，如果雌鳥的經驗足夠，通常都能夠讓幼鳥順利破殼。依據經驗，在人工環境破殼而出的幼鳥，若雌鳥的健康狀況良好，將在機器中剛孵化成功的幼鳥輕輕地放回巢箱裡，雌鳥大多也樂意接手之後的育雛工作。

(五) 幼鳥出殼後的人工輔助

　　若由於某些因素，雌鳥無法親自育雛，飼主必須全程以人工的方式餵養雛鳥時，那麼在小草幼鳥破殼後，就要將牠移到保溫箱內，不可放置於室溫中（就算是夏天也一樣）。保溫箱的溫度設定在36～37℃之間，相對溼度約略高於70％。

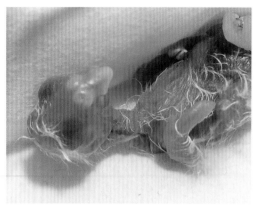

剛破殼的前幾天，小草幼鳥一定要保溫，
即使夏天也一樣。
照片來源／秋草閣　阿克

只會產熱而不發光的陶瓷燈泡，
是常見的保溫設備。使用時要注
意溫度與距離的拿捏。

　　大約每隔3小時以鸚鵡幼鳥專用奶粉餵食一次，前2天奶粉不可泡
太濃，奶粉與水的比例約為1：5。泡好的奶粉保持微溫，以適當尺寸
的小湯匙餵食，餵食的時候用手指固定幼鳥的頭部，並將少量的鸚鵡
奶緩緩送入幼鳥口中。

　　每一餐餵食前，一定要確認嗉囊內沒有殘留前一餐未消化的飼
料，才能繼續餵食。隨著幼鳥的成長，可以逐漸降低保溫箱的溫度，
並增加奶水濃度、拉長餵食間隔、降低餵食頻率。約2週後幼鳥開始
長羽管，此時一天僅需餵食3～4次就已足夠。若操作正確，小草鸚鵡
可以從破殼日起，全程以人工方式養育成長至獨立進食也沒有問題。
但是若非不得以需要人工養超幼鳥，還是建議要在專業人士的指導下
進行，比較安全。

(六) 幫小草鸚鵡配掛腳環

幼鳥破殼一段時日後，飼主可以幫幼鳥帶上腳環作為身分識別。一般腳環會刻有流水號，比較講究的飼主，還會刻上專屬的logo或是代號。掛上腳環的主要目的為辨別鳥隻身分，以利日後的販售、

腳環等同於小草鸚鵡的身分證。
照片來源／秋草閣　阿克

育種、繁殖、交流等。換句話說，腳環等同於一隻小草的身分證，對系統繁殖者而言，絕對有必要為自己繁殖的鳥兒配帶腳環。

一般建議小草鸚鵡使用3.5 mm內徑以上的腳環，實務上3.5mm、3.8mm、4.0mm、4.2mm這四種規格也可以使用。然而，3.5 mm雖然可用，但其實它與鳥腳之間的間隙太小，萬一鳥的腳感染疥蟲或是其他皮膚疾病時，腳環容易摩擦使感染惡化。至於最大尺寸的4.2mm，

飼主可以訂製專屬的小草腳環。

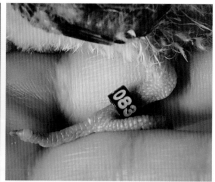

小草腳環在幼鳥時期就要配戴，長大後就戴不上去了。

掛上去後可能會太鬆，有時容易卡到籠子，或者意外脫落，不過萬一幼鳥錯過了帶腳環的時期，使用4.2 mm的腳環也不失為一種補救的方法。

總結來說，3.8 mm和4.0 mm是我認為較適合的尺寸，這兩種腳環的大小對小草來說都算適中，腳環約在幼鳥9～12日齡時配戴，戴上後不易脫落，算是較為理想的腳環尺寸。

小草幼鳥配戴腳環的步驟

(1)　先將腳爪中較長的三趾收攏聚集。

(2)　將這三趾穿過腳環，直到通過腳爪的關節處。

(3)　將最短的第四趾拉出腳環，就大功告成了。

(七) 繁殖之路與可能遇到的困難

從第一對小草鸚鵡配對成功到產出下一代，甚至下一代又接續繁殖，這段過程有許多環節會遭遇困難，而其中的挫折與喜悅，相信多數的繁殖者都曾經體會。事實上，小草鸚鵡的繁殖之路並非一條康莊大道，各階段中的種種艱辛，都非常需要飼主自我調適。

繁殖出自己喜愛的小草鸚鵡，其喜悅難以言喻。　照片來源／秋草閣　阿克

充滿困難的繁殖關卡

(1) 在小草鸚鵡的配對之初，首先當然要確定是否為一雄一雌，建議使用DNA檢驗加以確定。此外，若以繁殖為目的，除非是進行別無選擇的系統繁殖，否則務必要錯開對鳥的血緣。

(2) 即使已確定一對小草鸚鵡為一雄一雌，但兩隻未必來電。消極的可能會彼此相敬如「冰」、毫無互動，激烈的則會大打出手、你追我跑，甚至咬傷對方。這時只能拆開讓小倆口冷靜一下，或是重新找其他鳥兒配對。

(3) 配對成功後，雄鳥如果開始吐料給雌鳥吃，就算是情投意合了。但是，當雌鳥發情呈蹲姿狀態時，雄鳥是否會跨上去進行交配仍是個問題，有時雌鳥發情，雄鳥卻只會在旁看戲，著實令人無奈。然而即使雄鳥跨上去了，生殖器有沒有成功接合，也都需要驗證。這個階段失敗的原因通常是雄鳥太年輕，經驗不足所致。

(4) 交配成功後，雌鳥開始下腹腫脹，準備產蛋。此階段偶爾會有卡蛋的風險，卡蛋的簡單處理方式，是在水中增加乳酸鈣供雌鳥攝取，並放到太陽下日照（注意時間避免曬傷），如此一來有些雌鳥就能成功產蛋。若是卡蛋較為嚴重的，必須在雌鳥的泄殖腔用棉花棒抹上一點油脂或潤滑劑，幫助潤滑，並以腹部按摩擠壓的方式協助卡蛋排出，此方法具危險性，萬一蛋在體內破裂，雌鳥可能會有生命危險，建議不要親自操作，務必讓專業的禽鳥獸醫師處理！

(5) 有些雌鳥產蛋後會不孵蛋，原因不明。有經驗的雌鳥，會在產完第2顆或第3顆蛋時才開始孵，如此一來幼鳥的大小不會差太多，且因產蛋後3天蛋殼氣孔收縮，孵化成功率更高。

(6) 有時，蛋雖然有受精，但幼鳥會胎死蛋中，沒有成功破殼。可能的原因有很多，如蛋體胚胎本身不夠健康、溫溼度不佳、沙門氏菌感染，甚至是雌鳥在幼鳥破殼時的不當介入等。

(7) 鳥蛋約在孵化18天後，雛鳥破殼，此時新生幼鳥需雌鳥餵食，前1～2天雌鳥會吐出特殊的漿液給幼鳥吃，之後才開始吃碎料。有些年輕的雌鳥不太會照顧新生幼鳥，冬天沒有幫幼鳥遮蓋保溫、不小心踩踏到幼鳥，或吐出的飼料顆粒太大，幼鳥就會死亡。

(8) 若同一窩幼鳥的體型落差太大，最小隻的幼鳥會有較大的死亡風險。原因無非是被體型大的幼鳥擠壓、踩踏或無法搶食，最終虛弱而死。

(9) 幼鳥出巢後要學習獨立進食。有時身為父親的雄鳥為了繼續繁殖，可能會攻擊幼鳥，或者嚴重咬幼鳥的毛，增加其死亡風險。

(10) 幼鳥完全獨立後，與親鳥分開，就算是告一段落了。但如果要繼續繁殖，那麼上述的狀況就得重新再來一次。

隨著幼鳥羽翼漸豐，種鳥們可能又將開始另一輪的繁殖週期。
照片來源／Jacqueline Wagener

能夠培育出心目中理想的羽色，對繁殖者而言是最大的喜悅。
照片來源／秋草閣　阿克

以上各階段都有可能卡關，面臨繁殖失敗，當然也有可能一帆風順。所謂關關難過關關過，了解可能失敗之處，並努力加以排除，即是繁殖的樂趣所在。然而人未必能勝天，面對生命的消散與無常，有時仍須以平常心看待。

從誕生到長成，每一隻小草鸚鵡都是得來不易的生命，若你幸運地擁有，請善待牠們，並好好珍惜。

(八) 小草鸚鵡近親繁殖的美麗與哀愁

物種的滅絕都是從族群數量的減少開始，一旦減少至「最小存活族群」（minimum viable population）以下，該物種就會滅絕。理由很簡單，因為當物種面臨過少的族群數量，最後只能近親繁殖，降低族群基因庫的生物多樣性，惡性循環之下，最終走向滅絕。

近親繁殖在人類世界是個禁忌，大多有立法加以禁止與規範。但

在動物界卻是可能隨機發生的現象，所幸大自然通常有其調節機制，一般不會失控。近親繁殖對動物的族群繁衍十分不利，鳥舍繁殖者更應該要極力避免。

近親繁殖的缺點與影響，主要來自兩個面向。第一，許多遺傳疾病為隱性，若疾病染色體沒有正確地結合，該疾病就不會顯現。人類的色盲就是一個例子，它屬於性聯遺傳，人類女性會帶基因（與鸚鵡性聯遺傳的關鍵性別相反），而近親繁殖會強化「基因缺陷」。因此，在沒有近親繁殖的情況下，許多遺傳疾病會被隱藏起來；反之，近親繁殖則會「凸顯缺陷」。

第二，近親繁殖的後代會有免疫系統弱化的現象，對病菌的抵抗力更弱、智商更低、體能更差、體型更小，以及有更高的機率在到達繁殖年齡前就死亡，即生物學家所稱的「近親繁殖衰退現象」，也就是在攜帶有害隱性基因的群體內，因近親繁殖造成的適應能力下降。

然而，近親繁殖並非完全沒有優點，科學家相信對某些族群而言，近親所導致的弱化子代會被自然淘汰，留下來的則為強者，達成所謂的「遺傳清洗」。此外，對鸚鵡繁殖者而言，當第一隻鸚鵡的羽毛突變產生時，為了要固定這項遺傳特徵，必須先進行系統性的近親繁殖，之後再拉開血緣，如此才能將此基因固定下來。全球目前人工鳥舍內有許多珍貴的鸚鵡羽色變種，可能在初

許多美麗的變種羽色基因，都是在人工的環境下才得以被保存下來。
照片來源／William Jonker

期皆來自於系統性的近親繁殖。

為了避免過度近親繁殖，適度地透過貿易商合法進出口小草鸚鵡，有助於活化小草鸚鵡的血緣，以利族群繁衍。　照片來源／Aoudew Chen

總體來說，近親繁殖有利有弊，但以族群繁衍與物種健康的角度來看，絕對是缺點大於優點，尤其是對籠養鳥而言，若沒有避開近親交配，或是區域性的基因族群太小（如某些鳥種在本地只有少數幾隻，來來回回都會碰到親戚），那麼累代近親繁殖的結果，就是鳥兒體弱多病、抵抗力差、繁殖意願低落、經常生病或死亡，源頭可能即為近親繁殖所導致的基因弱化。最佳的解決之道，就是經常引進境外的新血緣，沖洗近親基因，讓基因庫的生物多樣性活化、再度強盛！

累代近親

累代近親是指每次的繁殖配對，對鳥皆有血緣關係，經過兩三代之後，子代的基因幾乎都來自同一個小範圍的族群，進而產生許多遺傳疾病與後遺症。中世紀的歐洲皇室就有這樣的問題。

第六章

培育小草寵物鳥
與手養技巧

(一) 小草鸚鵡的寵物性

有別於早期以育種繁殖和觀賞為主，近年來開始有許多鳥友手養小草鸚鵡當作寵物鳥。草科鸚鵡在野外屬於比較機警敏捷的鳥類，因此經常有鳥友詢問小草鸚鵡的寵物性如何，以及三種小草的寵物性是否有差別。

總結來說，小草鸚鵡的寵物性良好。但是我們必須理解，小型鸚鵡的特質一定不同於中大型鸚鵡，畢竟其身體組成、大腦容量皆有差異。以下簡述小草鸚鵡作為寵物的ＹＥＳ和ＮＯ：

近年來，手養小草鸚鵡作為寵物似乎愈來愈風行。　照片來源／Yabu SayYo

小草鸚鵡羽色多變，飼養者可選擇自己喜歡的色系作為家庭寵物。
照片來源／秋草閣　阿克

小草鸚鵡的 NO

(1) 除了虎皮鸚鵡可能會簡單發音外，大多數的小草都不會說話。

除了虎皮鸚鵡之外，其他小草一般不會模仿人類說話。
照片來源／Yung Ren

(2) 小草不容易訓練進行複雜的把戲。

(3) 小草通常無法像小狗一樣呼之則來。

(4) 長時間將小草籠養，不與之互動，可能導致小草返野、怕人。

(5) 小草的個性較自主隨興，不太能強迫牠做不想做的事。

小草鸚鵡的 YES

(1) 手養的小草可以輕易上手，願意親近人。

(2) 小草安靜不吵，就算在公寓飼養達十幾隻，依然不會打擾到鄰居。

(3) 小草的個性較溫和，手養小草不會攻擊、咬傷人，遊戲式的啃咬也不會使人受傷、流血。（中大型鸚鵡可就不是這樣囉！）

(4) 小草可以與其他的雀鳥、中小型鳥和平相處。

(5) 小草適合在室內放飛運動，但不建議戶外放飛。

小草鸚鵡個性溫和，適合當作家庭寵物。如果與犬貓等其他動物共處，飼主要多加留意。
照片來源／Tomo Lee

而三種常見的小草鸚鵡，作為家庭寵物的特質大致如下：

(1) 秋草鸚鵡個性溫和甜美，有點傻大姐的特質，也最不怕人。手養
　　後就算不與之互動，秋草也是最容易維持親人特質的小草。在三
　　種小草中，秋草天生最樂於與飼主親近。

(2) 光輝鸚鵡的個性非常溫和，天生聰明又機靈。牠是三種小草中最
　　安靜的，常常與之互動也會很黏人。相較於其他兩種小草，光輝
　　鸚鵡似乎更喜歡飛行和運動，光輝鸚鵡絕對適合作為居家寵物。

(3) 桔梗鸚鵡天生體質強壯，個性也較剛烈，喜歡找朋友吵架，沒事
　　就咬咬其他鳥兒的毛，因此群養的空間要大一些。但牠的個性勇
　　敢、充滿好奇心、喜歡探索世界，如果不要強迫牠做不喜歡的
　　事，牠能夠怡然自得地陪伴你。整體來說，每隻桔梗的個性差異
　　很大。

　　每隻鸚鵡皆為獨立的個體，一定有不同的意識與性格差異，生命
各有其美，只要我們用心對待，牠們必定會以親密的互動加以回應。

照片來源／Lihan Hong　　照片來源／Lihan Hong　　照片來源／秋草閣　阿克

三種常見的小草鸚鵡，都很適合當作家庭寵物鳥。

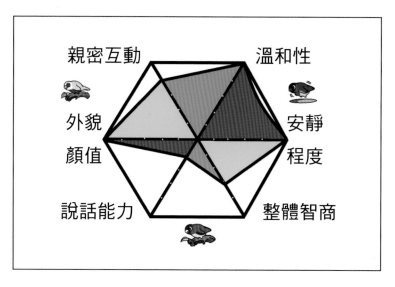

小草鸚鵡寵物性之整體分析

(二) 手養小草幼鳥須知

若你正考慮飼養鸚鵡當作寵物，小草鸚鵡絕對是迷人的家庭夥伴。如果想要與小草鸚鵡親密互動，希望日後能夠上手把玩，那麼人工手養絕對有其必要。在適當時機將幼鳥從巢箱取出，接手親鳥的工作，讓小草鸚鵡從小習慣人類環境，長成後就不會怕人，並且將飼主視為好朋友。手養小草幼鳥的重點如下：

如果從小手養，小草鸚鵡可以成為迷人的寵物鳥。　照片來源／秋草閣　阿克

(1) 適合的飼養天數

　　小草的蛋從開始孵育到破殼，大約需要18天，若要手養幼鳥，在破殼後第16～20天時抓出來養最為合適，此時的幼鳥剛爆出羽管。如果太早抓出，幼鳥較虛弱，也需要餵食比較多餐，溫溼度的維持更要嚴謹控制；如果太晚抓出，幼鳥對人已經有警戒心，可能不喜歡開口，或是比較怕人。

小草鸚鵡約在16~20日齡時適合開始手養。
照片來源／秋草閣　阿克

(2) 幼鳥的食物

在學吃之前，手養幼鳥建議使用專業的鸚鵡奶粉，市面上一般的鸚鵡幼鳥專用奶粉大致上都適合，但是針對小草鸚鵡的幼鳥，建議挑選脂肪含量較低的產品。無論使用哪一個品牌，固定後儘量不要隨意

手養小草須使用鸚鵡專用奶粉，品牌可依喜好自行選擇。　照片來源／台中金瑞成鳥園

更換，若中途更換奶粉，消化道菌叢改變可能會有重新適應的問題。如果你只有飼養一隻幼鳥，可以考慮購買分裝包就好。一般來說，一隻小草從手餵到斷奶，需要的奶粉量並不多。

(3) 安置環境

使用鸚鵡保溫箱安置幼鳥是最佳的方式，尤其是日齡太小的幼鳥一定要保溫。如果是羽毛已經長出、超過14日齡的幼鳥，在夏天時找個適當的紙盒，底部鋪上柔軟乾淨的墊材（如厚的餐巾紙），即使不用額外保溫，大致也能順利地成長。墊材須保持乾淨，每天更換數次。冬天時，尤其溫度低的日子，仍要特別注意幼鳥的保溫，除了專用的鸚鵡保溫箱之外，也可使用陶瓷加熱燈之類的外部熱源，但一定要注意調整適當的溫度，以及熱源擺放的距離，避免過熱或不通風的飼養環境導致幼鳥生病。

(4) 餵食器具

餵食幼鳥時，一手輕柔地固定幼鳥的頭部，另一手用湯匙舀溫熱的鸚鵡專用奶，讓幼鳥自然嚥下。新手請儘量不要使用注射管，風險較高，如果不小心讓食物進入氣管而非嗉囊，鳥兒可能嗆死。若需使用軟管插入嗉囊餵食，請務必在有經驗的人士指導下進行。

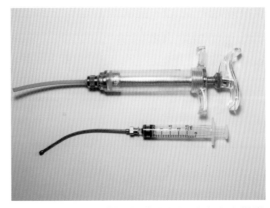
注射型餵食器，最好先透過有經驗的人士指導後再使用。

(5) 奶粉調配

使用鸚鵡專用奶粉，先以溫熱水沖開、攪拌均勻。濃稠的程度大約如濃湯一般，湯匙舀起後可順利流至鳥嘴即可，太濃或太稀都不好。一般建議最佳餵食溫度為40℃，稍微高於體溫，若太涼幼鳥可能拒吃，太熱則會燙傷幼鳥的口腔、食道與嗉囊。如果沒有專用的食物溫度

餵食幼鳥時，最好使用湯匙，並一定要再三確認食物溫度，千萬不可過燙。
照片來源／秋草閣　阿克

計，可以在餵食前將食物輕觸自己的嘴唇，若感覺微溫不燙，那大概就沒問題。切記，整個餵食過程，飼料都須保持微溫。天冷時，可以將幼鳥奶粉的容器放進裝了溫水的碗裡，利用外在熱源維持奶粉溫度。

(6) 餵食頻率

出殼後約14天的幼鳥，建議一日四餐。每一餐餵食前，須確保嗉囊的飼料已經完全清空，若嗉囊還有奶粉未消化卻再度餵食，可能讓舊有的奶粉在嗉囊內腐敗，導致嗉囊發炎。

隨著鳥兒羽翼漸豐，可以逐漸減少每天的餵食次數。當鳥兒開始要吃不吃，或是吃兩口就甩頭，這表示鳥兒已經準備獨立，可考慮將鳥放到更大的容器，讓幼鳥準備學吃與獨立。

手養小草幼鳥Q&A

Q1：幼鳥一定要保溫嗎？

A：幼鳥羽毛長成以前，保溫的功能較差，因此不能吹風是一定的，至於要不要保溫，關鍵在幼鳥的天數、室內溫度，以及有無其他幼鳥可以依靠取暖。剛出生的幼鳥對環境條件的要求較高，溫度須維持在36～37℃左右，相對溼度則為70%上下，此條件一般室溫不太可能達成，故一定要放在保溫箱。兩週大、毛管已經長出來的幼鳥，溫度就可以較為寬鬆，溼度也無須特意調整。

保溫器材方面，以專用可設定溫溼度的保溫箱為首選，其次為不會發光的陶瓷聚熱燈。夏天時，較大日齡的幼鳥不保溫也是可以的。使用加熱設備時記得要抓好距離，太熱加上近距離一直照會傷害幼鳥，建議準備溫度計測量，並適當調整距離。

Q2：幼鳥抓出巢後，第一餐餵牠都不吃怎麼辦？

A：正常來說，14日齡以上的幼鳥剛抓出巢，嗉囊還會有雌鳥的飼料，也對人工的環境有戒心，若馬上餵食，不吃也很正常。剛抓出巢的幼鳥，先讓牠空腹6～8小時，淨空嗉囊與消化道，並使幼鳥呈微餓的狀態後，再開始餵食。由雌鳥的嘴變為湯匙，幼鳥也需要學習與適應。剛開始奶粉的量少一點，也可稍微泡稀一些，固定頭部後，讓湯匙上的奶粉流體

小口小口地流進幼鳥嘴裡。記得，奶粉溫度一定要是微溫，因為雌鳥餵的就是溫熱的食物，幼鳥會拒吃冷掉的奶粉。第一餐沒吃飽沒關係，有吃到就好，注意保溫，再稍微餓一下，第二餐之後就會漸入佳境。

Q3：幼鳥奶粉可以一次泡一杯冷藏，要餵的時候再加熱嗎？

A：不可以，這樣容易導致細菌汙染。此外，冷藏再加熱會導致部分營養素流失。每一餐喝不完的幼鳥奶粉應丟掉，器具清洗乾淨，下一餐重新泡過。

Q4：有推薦的奶粉品牌嗎？可以混合使用嗎？

A：鳥店、網路所販售的知名品牌奶粉，基本上都能成功餵大幼鳥。若要兩種混合使用也可以，維持一致就行，要避免的是中途針對不同配方換來換去。脂肪含量低於10％的奶粉會更適合小草鸚鵡。

Q5：超過20日齡的幼鳥還能手餵嗎？

A：原則上稍微超過幾天還是可以手餵，但因為警戒心較強，需要多點耐心與之互動，不過小草是可以訓練的，能夠慢慢讓牠習慣與人相處。但若是羽毛全部長成後（破殼超過30天）就真的有困難了，鳥兒已經太大，可能不好餵食，也已經會怕人。

Q6：幼鳥看得出雄雌嗎？ 是否可以驗DNA確定？

A：16～20日齡的幼鳥，肉眼不容易區分雄雌，就算有飼養者依據頭型、體態、羽色深淺等判斷，通常也不夠準確。幼鳥太小時驗DNA也不太可行，因為無毛可拔。檢驗性別還是以DNA檢測最為準確，DNA性別檢測有「採血檢驗」和「羽毛檢驗」兩種。採血須剪去鳥兒腳爪前端一小段稍微碰觸到血管的區域，將少許血液擠在乾淨的白色紙張上，放入袋子密封後送檢驗單位化驗，此方法比較具侵略性，過程也可能導致鳥兒不適，一般還是會儘量避免。採羽毛樣本送驗的方式，須等到幼鳥30天羽毛長出較多之後才方便進行。

幼鳥羽毛大致長成後，就可以採羽毛樣本送性別鑒定。
照片來源／秋草閣　阿克

Q7：如果要讓幼鳥親人，需要常常抓出來玩才行嗎？

A： 重點是互動方式，而非活動量，讓幼鳥過度活動也不好（例如一直讓牠到處亂爬）。但若只是單純時間到了就餵食奶粉，平常完全不理牠，在這種模式下長大的鳥兒，與飼主也不會太親密。最建議的方式是，經常讓牠看到你的臉，常把牠放在掌心習慣你的手，不時用手摸摸牠，溫柔地對牠說話等，增加此類互動，互動愈多，鳥愈親人。

Q8：幼鳥好像快要斷奶了，不太吃奶粉，怎麼辦？

A： 此時，幼鳥進入俗稱的「厭奶期」，飼主得開始訓練牠學吃了。

(三) 手養小草斷奶階段的準備與訓練

手養的小草鸚鵡在破殼後約30天，羽毛大致長成，對奶粉的興趣也愈來愈低，餵沒幾口就甩頭不吃，這是鳥寶開始準備獨立的徵兆，飼主應該開始進行鸚鵡幼鳥的學吃訓練。

幼鳥尾羽超過一半長度時，即可準備進行學吃訓練。　照片來源／秋草閣　阿克

此時的鸚鵡幼鳥，應該將它從原本的紙箱或保溫箱，移到籠子的環境內生活。籠子不用太大，45公分寬的1.5呎籠子就可以，幼鳥如果數量多，使用2呎寬的籠子也行。籠內只放一根棲木，距離籠底大約5～8公分即可，目的是讓幼鳥練習抓握棲木。

在籠子底部明顯的地方，四散擺放2～3個飲水瓶及飼料盆，飼料盒裡放置滋養丸與去殼穀物。去殼穀物以小米仁、細多仁和葵花子仁為主，可搭配少許碎核桃、杏仁片、蛋黃粉等熱量較高的食物。穀物種子不用泡水，只需擺放在幼鳥四周，基於本能，通常幼鳥會開始嘗試啄食。如果籠內能夠放入一隻已經獨立、個性溫和的同伴鳥，帶著幼鳥們學吃，效果會更好。

此階段仍然要持續手餵奶粉，不可忽然停止，並須留意幼鳥的健康狀況。這時可以從原本的一日三餐，減少為一日兩餐，並在兩餐中間減少與鳥寶的互動，讓幼鳥將更多的心思放在周圍的食物上。如果兩餐之間鳥兒完全沒碰觸飼料，嗉囊摸起來是空的，甚至羽毛蓬鬆，

幼鳥學吃時，將飼料置於淺碟型的容器，增加幼鳥嘗試啄食的意願。
照片來源／秋草閣　阿克

除非確定幼鳥已經能自行穩定進食，否則不可停止手餵。
照片來源／秋草閣　阿克

那就是完全沒有進食，飼主要趕緊介入，餵食補充奶粉。若精神不錯、活動正常，或是嗉囊摸起來有食物，那就不用刻意補奶。

以手餵奶粉搭配遊戲學吃的方式循序漸進，慢慢地，鳥寶自己啄食盆內飼料的頻率愈來愈高、吃奶的意願逐漸降低，此時就可以嘗試停止手餵，並密切觀察鳥兒的活力。如果鳥兒自己進食的頻率很高、嗉囊保持有飼料、排泄正常，且精神很好，幾乎不讓你餵食，那麼恭喜你，你的鳥兒已經完全獨立，之後只要經常跟牠互動就好，無須再手餵了。

就算鳥兒已經學會自行進食，還是要經常與牠互動。　照片來源／秋草閣　阿克

有些幼鳥在完全獨立後，仍然接受飼主的餵食，這點絕對沒有問題，延長手餵期有助於強化彼此間的親密度。鳥兒能夠自己進食後，在滋養丸和去殼穀物外，加入常規的帶殼種子，鳥兒很快就會學習剝殼進食，到此階段就算完全獨立。

鸚鵡各階段的稱呼

　　鸚鵡破殼之後通常稱為「雛鳥」或是「幼鳥」，直到鳥兒自己會吃為止。幼鳥獨立進食後，約略到第一次大換羽、達性成熟這段期間，俗稱「中鳥」。換羽完畢且達性成熟後，即可稱為「熟鳥」，成熟的對鳥若繁殖成功產下後代，就升格為「種鳥」。

從破殼到獨立進食，稱為幼鳥。

從開始獨立進食到性成熟，
稱為中鳥。

小草鸚鵡成功哺育出下一代，
即升格為種鳥。

性成熟後具有繁殖能力，
稱為熟鳥。

照片來源／秋草閣　阿克

第七章
基因遺傳與
羽色突變

The Mistery of Genes

小草鸚鵡的羽色由基因決定，造成羽色突變的基因通常不只一個。而同一基因上的不同位置，甚至不同的染色體，也控制著鳥兒羽色的顯現。

受精卵蘊含著親代的遺傳基因，這些基因決定了子代的智商、外貌、體質、生理狀況等，以鸚鵡來說，基因遺傳同樣影響著子代的健康、體型與羽色。基因遺傳具有顯性、隱性、性聯等類別，本章將針對小草鸚鵡的遺傳類型加以說明。

(一) 鸚鵡羽色突變的類型概論

鳥類的「羽色突變」是由於基因改變所導致的羽色外觀變化，並且可遺傳至下一代。換句話說，它是鳥類在基因遺傳上的改變，導致羽毛的外觀顏色不同於正常表現。

原生種鳥類的羽毛顏色由專門的基因染色體所控制，染色體

小草鸚鵡身上的羽色經由遺傳而來，父母的羽色基因對子代都會產生影響。　照片來源／秋草閣　阿克

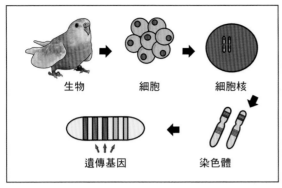
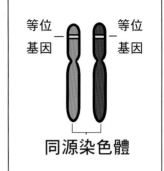

細胞、染色體與遺傳基因

成對出現，由雙親各提供一條染色體，遺傳給子代。特別要注意的是，控制羽毛顏色的一對染色體，除了影響正常羽色的主要基因染色體外，鳥類身上還有許多次要基因，主要基因會與次要基因交互作用，影響最終的羽色表現。鳥類身上初次出現的「羽色突變」為隨機發生，無法預測。

　　正常情況下，鳥類的皮膚上含有黑色素細胞（melanocyte），藉由酵素酪胺酸酶（tyrosinase）控制細胞中黑色素微粒的分布，而另一種稱為肌凝蛋白（myosin）的酵素，則負責將這些黑色素微粒置入羽毛中。此過程極為複雜，並且可能在各階段出現差錯或變異，進而產生羽色突變。在鳥類中，許多羽毛顏色的變種，皆為遺傳轉化過程出現差錯，使這些色素細胞在質、量與分布上產生不同而導致的結果。此外，鸚鵡色素和羽毛的結構顏色分布，也會影響鳥兒的羽色外觀。

鸚鵡羽毛顏色的呈現，主要受到黑色素系、鸚鵡色素和結構顏色的影響。

強勢的顯性遺傳

什麼是顯性遺傳？

所謂顯性遺傳（dominant inheritance），是指決定某項生物特徵的一對染色體，只需要帶有一個顯性基因，性狀就會表現出來。換句話說，小草鸚鵡的父母親鳥只要單一方具有顯性基因，即可將特徵遺傳至子代並顯現出來，以人類為例，雙眼皮就屬於顯性遺傳。

小草鸚鵡羽毛最常見的顯性遺傳為原生種的外觀。一隻純原生種小草雄鳥，在身上不帶任何其他隱藏基因的情況下，理論上不管與何種品系的雌鳥配對，後代皆會是原生種。

所有原生種小草鸚鵡的羽色皆屬於顯性遺傳。　照片來源／Jacqueline Wagener

顯性遺傳還有一些略帶差異的遺傳模式，包含完全顯性、不完全顯性等，在遺傳上的共同特性是「基因遺傳強勢」、「可由親代單方將該項特徵遺傳給子代」。其他遺傳模式，如隱性遺傳，親鳥雙方至少都要帶有一條具隱性基因的染色體，其子代才有機會顯現出該特徵。而另一種性聯遺傳機制，大致上也是如此。

原生種秋草鸚鵡幼鳥。
照片來源／Lihan Hong

因此，以遺傳學的角度來說，顯性遺傳是極為方便有效的遺傳模式，單一親鳥就有機會將自己的性狀遺傳至下一代。

另一種顯性遺傳的類型，稱為不完全顯性（incomplete dominance）或半顯性（semi-dominance），其特點是子代的表現為雙親的中間性狀或特徵。以紫茉莉（Mirabilis jalapa）為例，若將紫茉莉的紅花品系與白花品系雜交，第一子代（F1）並非紅花或白花，而是偏粉紅色的花，即為紅與白的中間表現。生物界中其他類似的遺傳機制，還有金魚草的顏色、家蠶的體色、馬的皮毛、金魚身體的透明度等，皆為不完全顯性的例子。

簡單來說，不完全顯性的特性為「親代單方即可將特徵遺傳給子代，但只顯現出部分表現（不完全），會有比例多寡或程度高低的差異」。光輝鸚鵡的紅色腹部或紫色顏色的深淺等，皆屬於此種基因遺傳類型。

光輝鸚鵡腹部的紅色基因，屬於不完全顯性遺傳。　照片來源／秋草閣　阿克

小草鸚鵡的隱性遺傳

在隱性遺傳（recessive inheritance）中，一對染色體皆需要帶有隱性基因，該特徵才得以顯現。因此，隱性基因的性狀可能會隱藏於基因內，而不會表現出來，必須由父母雙方同時賦予此基因，子代才會表現出該特徵。光輝鸚鵡的海水系列、秋草鸚鵡的邊羽基因、桔梗鸚鵡的稀釋基因，皆屬於隱性遺傳。

海水綠的羽色對光輝鸚鵡而言屬於隱性遺傳。圖為成熟的海水綠光輝鸚鵡雄鳥。
照片來源／秋草閣　阿克

邊羽的表現對秋草鸚鵡而言屬於隱性遺傳。圖為原生種邊羽秋草鸚鵡。
照片來源／William Jonker

全紅胸閃光黃桔梗，也就是俗稱的23號桔梗，其黃色的羽毛對桔梗鸚鵡而言屬於隱性遺傳。
照片來源／秋草閣　阿克

以光輝鸚鵡為例：

　　原生種的綠色羽毛為顯性，成對的染色體以AA表示（A為顯性基因）。海水系列的松石藍色為隱性，成對的染色體以aa表示（a為隱性基因）。若一隻光輝鸚鵡，其外表為原生種的顏色，但身上隱藏一個海水基因，那麼成對的染色體即以Aa表示。依據上述的染色體代號，親代配種產生子代的隱性遺傳模式歸納如下：

(1) 原生種（AA）×原生種帶隱性基因（Aa）＝50％原生種（AA）＋50％原生種帶隱性基因（Aa）

	A	A
A	AA	AA
a	Aa	Aa

(2) 原生種帶隱性基因（Aa）×原生種帶隱性基因（Aa）＝25％原生種（AA）＋50％原生種帶隱性基因（Aa）＋25％海水系列（aa）

	A	a
A	AA	Aa
a	Aa	aa

(3) 原生種（Aa）×海水系列（aa）＝100％原生種帶隱性基因（Aa）

	A	A
a	Aa	Aa
a	Aa	Aa

(4) 原生種帶隱性基因（Aa）×海水系列（aa）＝50%原生種帶隱
性基因（Aa）＋50%海水系列（aa）

	A	a
a	Aa	aa
a	Aa	aa

(5) 海水系列（Aa）×海水系列（Aa）＝100%海水系列（Aa）

	a	a
a	aa	aa
a	aa	aa

小草鸚鵡的性聯遺傳

在鳥類的變種羽色遺傳上，有
所謂「帶基因」（split gene）這個
名詞，開始接觸基因遺傳時，可能
會不清楚帶基因的意思為何。所謂
「帶基因」，簡單來說，就是鳥隻
身上帶有某種變種羽色的基因，但
外觀上並未表現出來，該基因需要
與同類型的基因結合，子代方能顯
現。

生物中所謂的隔代
遺傳，很有可能就
是隱性遺傳機制下
的結果。

含有「帶基因」常見的遺傳機制，除了前面提到的隱性遺傳，另
一種就是性聯遺傳。小草鸚鵡羽色常見的性聯遺傳，有肉桂、紅眼黃
化、清淡（伊莎貝爾）、閃光等。

清淡華勒在秋草鸚鵡身上屬於隱性遺傳，圖中鳥兒為雌鳥。

照片來源／KEN

紅眼黃化光輝鸚鵡，身上已經完全沒有黑色素。

照片來源／秋草閣　阿克

肉桂綠桔梗的顏色，比正常的綠色淡化約25%。

照片來源／Lihan Hong

光輝鸚鵡的閃光基因屬於性聯遺傳。

照片來源／秋草閣　阿克

性聯遺傳，顧名思義，其遺傳模式與鳥的「性別」有關，並具有以下特性：

(1) 在性聯遺傳上，雄雌鳥皆能表現性聯遺傳的外觀，但只有雄鳥會帶基因，雌鳥不會。雌鳥僅會顯現出特徵，或者呈現普通雌鳥的外觀，沒有「帶基因」的雌鳥。以小草鸚鵡為例，一隻原生種的小草鸚鵡雄鳥可能帶有閃光基因，但是一隻原生種的小草鸚鵡雌鳥絕對不可能帶有閃光基因。

(2) 在性聯遺傳機制中，雄鳥的遺傳作用比雌鳥更為關鍵。

再以小草鸚鵡性聯遺傳家族的閃光基因為例，假設一對種鳥一胎產下4隻幼鳥，其遺傳結果以統計來看，大致上會是：

(1) 閃光雄鳥×普通雌鳥＝50％閃光雌鳥＋50％帶閃光基因雄鳥

(2) 普通雄鳥×閃光雌鳥＝50％普通雌鳥＋50％帶閃光基因雄鳥

(3) 帶閃光基因雄鳥×閃光雌鳥＝25％閃光雄鳥＋25％帶閃光基因雄鳥＋25％閃光雌鳥＋25％普通雌鳥

(4) 帶閃光基因雄鳥×普通雌鳥＝25％普通雄鳥＋25％帶閃光基因雄鳥＋25％普通雌鳥＋25％閃光雌鳥

(5) 閃光雄鳥×閃光雌鳥＝100％閃光鳥

由上方的遺傳組合範例可發現，若閃光基因在親代中僅存在於雌鳥，則無法產下閃光表現型的子代，只能讓子代

在性聯遺傳中，雄鳥對子代的羽色基因有更大的影響力。圖為紅寶石秋草雄鳥，羽色一般來說比雌鳥更深濃。　照片來源／秋草閣　阿克

雄鳥帶基因，但親代只要有一隻帶閃光基因的雄鳥，就有機會產下閃光雌鳥。因此才會說，在性聯遺傳機制中，雄鳥的遺傳作用比雌鳥更為關鍵。該範例為基因遺傳的機率統計，此定律適用於所有的性聯遺傳。

補充說明

(1)突變遺傳在生物身上皆為隨機發生，上述舉例的一窩4隻幼鳥，僅因方便說明，小草鸚鵡不是每一胎都會產下4隻幼鳥。

(2)上述範例所謂「會產下百分之幾的閃光」為統計上的結果，也就是機率問題。例如，丟100次硬幣，統計上會有50次正面與50次反面的機率，但實際操作一定會有誤差。同樣的道理，雖然理論上產下閃光雌鳥的機率為25%，但實際上可能一隻也沒有，或者超過25%。隨機產生的變數不一定能與理論吻合，但長期來看，若樣本數夠多，則實際的統計數據必定會接近理論值，無庸置疑。

性聯遺傳之「50%基因雄鳥」

在認識了性聯遺傳的基本概念與機制之後，接下來同樣以小草鸚鵡的閃光基因為例，加以探討所謂的「50%基因雄鳥」，到底是怎麼一回事？

回顧前面提及的性聯遺傳公式，如果親代是帶閃光基因雄鳥×普通雌鳥，則產生的子代機率為25%普通雄鳥＋25%帶閃光基因雄鳥＋25%普通雌鳥＋25%閃光雌鳥。在這個組合中，依照子代性別進行分析：

(1)　若子代為**雌鳥**，其可能為閃光雌鳥，或是普通雌鳥。雌鳥不會帶基因。

(2)　若子代為**雄鳥**，其可能為帶基因雄鳥，或是普通雄鳥。

　　發現奇妙之處了嗎？所謂帶基因，是指鳥隻身上帶有某種變種羽色的基因，但外觀沒有顯現出來。因此，若親代為帶基因雄鳥與普通雌鳥，則子代雄鳥有可能為帶基因雄鳥或一般雄鳥，但問題是……從外觀無法辨別！

單從外觀無法判斷一隻雄鳥是否帶有性聯遺傳基因，須藉由實際繁殖加以驗證。
照片來源／Jacqueline Wagener

　　對於某些較為稀有珍貴的基因來說，子代雄鳥是否帶基因，無論是市場價格或遺傳價值皆有所不同。而上述情況，這些外觀看不出差異的子代雄鳥，每一隻皆有50％的機率帶基因，當然也有50％的機率沒有帶基因，兩者價值不同，但外觀完全無法辨別，這對繁殖者而言是個頭痛的問題。

　　因此，所謂的「50％基因雄鳥」，並非指該雄鳥產下某種表現型子代的機率為50％，而是指牠本身有50％的機率帶基因，也有50％的機率沒有帶基因。最佳的驗證方法就是繼續往下繁殖，例如將一隻50％基因雄鳥，與一隻該基因的表現型雌鳥配種，若產下的子代中具有該基因的表現型，那麼就肯定該雄鳥為帶基因雄鳥，反之則否。

　　藉由此篇的說明，希望能讓繁殖者進一步理解50％機率的性聯遺傳機制。

(二) 小草鸚鵡常見的羽色基因概述

秋草鸚鵡常見的羽色基因

秋草鸚鵡，又稱柏克氏鸚鵡，小草飼養者中非常普遍。個性穩定、叫聲悅耳、羽色豐富，夢幻的顏色加上相對較低廉的價格，使牠的人氣和普及度在小草家族中一直居高不下。

秋草的變種與基因，雖然不像光輝或桔梗那樣豐富多變，顏色也沒有特別強烈鮮豔，但卻多了一份沉靜樸實與低調優雅，因此儘管風格不同，卻一直擁有廣大的愛好者。在此稍微介紹秋草鸚鵡的基因。

原生種的秋草鸚鵡，體色較為深沉，雄雌外觀明顯不同，很容易辨識。成熟期的雄鳥，額頭和翅膀肩部的藍色明顯，背部較為深色，前胸的粉紅色也較深濃。相對於雄鳥，雌鳥的背部顏色稍淺，臉部的黑斑較多，前胸的粉紅色較為模糊黯淡，最重要的差異是雌鳥沒有藍色的額頭羽毛，因此從外觀可以輕易辨別雄雌。與其他鸚鵡一樣，所有原生種的羽毛表現皆為顯性遺傳，是最強勢也最強壯的基因。

所有原生種小草鸚鵡的外觀顏色，都屬於顯性遺傳，是最強勢的羽色基因。　照片來源／秋草閣　阿克

原生種的秋草鸚鵡，加上閃光基因則成為閃光秋草，也就是俗稱的「粉紅秋草」。閃光基因屬於性聯遺傳，遺傳上雄鳥比雌鳥關鍵，粉紅秋草因族群數量龐大，雄雌鳥的數量還算平均。值得一提的是，閃光基因在小草鸚鵡身上皆屬常見。在雄雌的判斷上，目測粉紅秋草性別的難度稍高於原生種秋草，但仍有蛛絲馬跡可循，判斷模式與原

生種秋草差不多。但若是中幼鳥階
段的粉紅秋草，其性別僅能大概判
斷，DNA檢驗會較準確。

在秋草鸚鵡身上，除了原生種
與閃光，其他常見的基因還有重華
勒、清淡華勒、邊羽、黃化等，這
些基因可以單獨顯現，也可以互相
組合共顯。舉例來說，秋草加上閃
光為粉紅秋草，秋草加上閃光和邊

儘管有些微差異，秋草鸚鵡在幼鳥
時期的性別特徵並不明顯。　　照片
來源／Lihan Hong

羽，即為邊羽粉紅秋草。以下分別簡述之：

(1) 重華勒（Dun Fallow）

重華勒秋草大約在西元1950年代被發表出來，與清淡華勒約莫
同時期。起源及初始的基因來源仍不確定。重華勒在秋草身上屬於隱
性遺傳，整體為淡化色澤的表現，雖然與肉桂秋草極為類似，但若仔
細分辨，仍可看出淡化過的黃棕色澤有所不同。肉桂較偏黃，而重華
勒較偏棕色。成鳥之後，重華勒的眼睛也比肉桂來得紅一些。重華勒

重華勒秋草鸚鵡對鳥，顏色比原生種更
加淡化。
照片來源／秋草閣　阿克

本地俗稱的紅眼秋草，就是重華勒秋草
加上閃光基因共顯的結果。
照片來源／秋草閣　阿克

基因顯現在粉紅秋草身上，即為紅眼粉秋。

(2) 清淡華勒（Pale Fallow）

　　根據文獻記載，清淡華勒秋草是在西元1957年，由荷蘭的J・范登布林克（J van den Brink）以及比利時的米文斯（Mievens）所發表。一開始繁殖者以黃秋草（Yellow）稱之，澳洲也有人稱之為奶油秋草（Cream），但現在國際上幾乎已經統一使用清淡華勒這個名稱。

　　與重華勒相比，清淡華勒在顏色上又更為淡化，尤其是黑色素的部分更加退化，紅色的眼睛也更為明顯。因此，清淡華勒的黃色和粉色的層次表現更為柔和。一般來說雄鳥顏色比雌鳥深，雌鳥特徵明顯，整片臘黃色的翅膀為其特色。

　　清淡華勒和重華勒秋草有時會因為相互交配與互帶基因，產生子代羽色表現介於兩者之間的中間型態，無法明確區分歸屬於何者，尤其雄鳥更為常見。為了避免此種情形，選擇特徵較明顯的優質種鳥進行篩選繁殖，可以確保基因的純化，在品系的判定上也較明確。清淡華勒基因與粉紅秋草結合共顯，即為俗稱的黃蕾絲秋草。

清淡華勒在秋草鸚鵡身上屬於隱性遺傳，顏色比重華勒秋草又更加淡化。
照片來源／KEN

清淡華勒秋草加上閃光基因，就是本地俗稱的黃蕾絲秋草。
照片來源／Lihan Hong

(3) 邊羽（Spangle）

邊羽基因英文也稱為「Edged Dilute」（Edged：邊緣、邊界；Dilute：稀釋），最早出現在虎皮鸚鵡身上，顧名思義，就是「邊緣斑點羽毛」與「稀釋色素」兩大表現。基本上它也是一種淡化基因，會使一根羽毛中部分的黑色素消失，但是邊緣的黑色素會被保留下來。將翅膀展開，會看見一排的末端黑點，以及大部分的淡化。

邊羽基因和閃光基因可以在秋草鸚鵡身上共顯。　照片來源／William Jonker

邊羽基因在秋草鸚鵡身上沒有固定的表現型態，各種色塊組合皆有可能。有些邊羽秋草成鳥在幾次換羽後，羽毛末端的黑點會消失，成為整片黃色的翅膀。邊羽突變屬於隱性遺傳，也可以與其他基因共顯。邊羽秋草因為黃底加上翅膀末端的黑色斑點，臺灣又俗稱牠為「百香果秋草」。

原生種邊羽秋草，黃底加上黑點的組合，本地鳥友又戲稱牠為百香果秋草。　照片來源／William Jonker

(4) 黃化（Lutino）

依據文獻記載，第一隻黃化秋草，是在西元1988年由荷蘭的繁殖家 H·范·里特（H van Riet）所發表。黃化基因屬於性聯遺傳，它是淡化基因的極致表現，此基因會使鳥兒身上的黑色素完全消失，僅保留黃、白、粉紅等顏色，眼睛也會顯現出鮮紅的色澤。黃化基因表現在秋草鸚鵡身上，會展現出十分夢幻的粉色表現。

黃化理論上也可以與其他基因結合，如黃化清淡華勒，但由於黃化已經是淡色的極限，因此再結合其他淡色基因，視覺上的差異可能不大。黃化基因共顯在粉紅秋草身上，就是最夢幻的紅寶石秋草（Rubino），也是鸚鵡界少數以粉紅、粉白與黃色為主色調的夢幻表現。

黃化秋草為原生種秋草的黃化變種，整體而言黃色羽毛面積會多於粉紅色羽毛。
照片來源／秋草閣　阿克

紅寶石秋草為粉紅秋草的黃化變種。
照片來源／秋草閣　阿克

秋草鸚鵡的性聯遺傳基因（閃光Opaline）與（黃化Lutino）之遺傳組合

種鳥組合		子代可能表現			
公鳥	母鳥	公鳥		母鳥	
原生秋草公（未帶基因）	原生秋草母	50% 原生秋草公		50% 原生秋草母	
	粉秋母	50% 原生秋草公（帶閃光）		50% 原生秋草母	
	黃化母	50% 原生秋草公（帶 Lutino）		50% 原生秋草母	
	紅寶石母	50% 原生秋草公（帶閃光 / Lutino）		50% 原生秋草母	
黃化秋草公（未帶基因）	原生秋草母	50% 原生秋草公（帶 Lution）		50% 黃化母	
	粉秋母	50% 原生秋草公（帶閃光 / Lutino）		50% 黃化母	
	黃化母	50% 黃化公		50% 黃化母	
	紅寶石母	50% 黃化公（帶閃光）		50% 黃化母	
黃化秋草公（帶閃光基因）	原生秋草母	25% 原生秋草公（帶閃光）	25% 原生秋草公	25% 黃化母	25% 紅寶石母
	粉秋母	25% 原生秋草公（帶閃光 / Lutino）	25% 粉秋公	25% 黃化母	25% 紅寶石母
	黃化母	25% 黃化公（帶 閃光）	25% 黃化公	25% 黃化母	25% 紅寶石母
	紅寶石母	25% 黃化公（帶閃光）	25% 紅寶石公	25% 黃化母	25% 紅寶石母
粉紅秋草公（未帶基因）	原生秋草母	50% 原生秋草公（帶閃光）		50% 粉秋母	
	粉秋母	50% 粉秋公		50% 粉秋母	
	黃化母	50% 原生秋草公（帶閃光 / Lutino）		50% 粉秋母	
	紅寶石母	50% 粉秋公（帶 Lution）		50% 粉秋母	
粉紅秋草公（帶 Lutino 基因）	原生秋草母	25% 原生秋草公（帶閃光 / Lutino）	25% 原生秋草公（帶閃光）	25% 粉秋母	25% 紅寶石母
	粉秋母	25% 粉秋公（帶 Lutino）	25% 粉秋公	25% 粉秋母	25% 紅寶石母
	黃化母	25% 原生秋草公（帶閃光 / Lutino）	25% 黃化公（帶閃光）	25% 粉秋母	25% 紅寶石母
	紅寶石母	25% 粉秋公（帶 Lutino）	25% 紅寶石公	25% 粉秋母	25% 紅寶石母
紅寶石公	原生秋草母	50% 原生秋草公（帶閃光 / Lutino）		50% 紅寶石母	
	粉秋母	50% 粉秋公（帶 Lutino）		50% 紅寶石母	
	黃化母	50% 黃化公（帶閃光）		50% 紅寶石母	
	紅寶石母	50% 紅寶石公		50% 紅寶石母	

註：本表只針對秋草鸚鵡的閃光（opaline）與黃化（Lutino）兩種基因的組合，其可能的子代表現加以彙整，其他類型的基因組合不在本表的探討之列。

(5) 藍秋草、黃秋草與綠秋草

　　近來有些繁殖者致力於藍色、黃色或綠色秋草鸚鵡的培育，不同於上述的羽色突變基因，這類的秋草鸚鵡其實是顏色篩選下的產物，並非基因突變。也就是說，無論藍色、黃色或綠色，都是本來就存在於秋草鸚鵡（粉秋）身上的色素，只是繁殖者針對具有某個顏色特徵的秋草，加以篩選與強化，挑選出更藍、更黃、更綠的子代。這也屬於育種的成果，但與基因突變的機制不同。

1　秋草鸚鵡身上原本就存在粉紅、黑、藍、綠等色素，各種顏色不同的排列組合，就能呈現出各種繽紛多彩的樣貌。
照片來源／William Jonker

2　偏藍色的秋草鸚鵡，為羽色篩選並加以優化的育種結果。
照片來源／Willia m Jonker

3　這隻黃色羽毛占比很高的秋草，若育種上針對此一特徵加以篩選優化，子代可能會有更強化的羽色表現。
照片來源／CAT

桔梗鸚鵡常見的羽色基因

原生種的桔梗鸚鵡，也就是一般俗稱的綠桔梗，背部以綠色羽毛為主，胸部全部黃色，頭部和翅膀有明亮的鑽藍色。雄鳥翅膀上有紅色斑塊，頭部的藍色面罩面積也較大，以此與雌鳥做區別。臺灣有時將原生種桔梗稱為16號桔梗。

原生種桔梗鸚鵡雄鳥的翅膀上，有一條紅色的斑塊，雌鳥則無。
照片來源／秋草閣　阿克

桔梗的黃色變種源自稀釋基因（Dilute），是桔梗由綠色突變為黃色的羽色變種。稀釋基因可以使綠色均勻地轉化為黃色，在小草鸚鵡中只出現在桔梗鸚鵡身上。儘管稀釋基因從外觀看起來很像黃化基因（Lutino），但兩者是完全不同的變種機制。一般鸚鵡的黃化屬於性聯遺

桔梗鸚鵡加上稀釋基因後，顯現出黃色的羽毛外觀。
照片來源／秋草閣　阿克

傳，是整體黑色素缺乏的表現，因此黑色素會完全消失，眼睛呈血紅色。而桔梗的稀釋基因屬於隱性遺傳，黑色素並非完全退化，故嘴巴、眼球仍是正常的黑色。

稀釋基因呈現出鸚鵡色素的淡化，將綠色轉化為黃中帶綠的羽毛顏色。因此，綠色系列的桔梗加上稀釋基因後，發展出桔梗獨特的兩大顏色系統，即黃色與綠色，並各自結合其他基因加以共顯。

(1) 綠色系統基因演變

原生種綠色桔梗（16號）加上半顯性的紅胸基因，即為紅胸綠桔

閃光基因會將前胸的羽毛顏色延伸至背部。因此，全紅胸閃光綠桔梗的背上會產生紅色噴點。

照片來源／秋草閣　阿克

黃胸綠閃光桔梗，也就是本地鳥友俗稱的18號桔梗，通常雌鳥背部的閃光區域較大。

照片來源／秋草閣　阿克

梗（俗稱17號桔梗），再加上閃光基因，就變成全紅胸閃光綠桔梗（俗稱19號桔梗）。若是原生種桔梗加上閃光基因，則為綠閃光桔梗（俗稱18號桔梗）。

(2) 黃色系統基因演變

　　原生種綠色桔梗加上稀釋基因（Dilute），成為普通黃色桔梗（俗稱21號桔梗），也就是原生種的綠色部分全部轉為黃色，其餘表現不變。普通黃色桔梗加上紅胸基因，則為紅胸黃桔梗（俗稱22號桔梗），再加上閃光基因，就變成全紅胸閃光黃桔梗（俗稱23號桔梗）。

　　桔梗鸚鵡的閃光表現很常見，也非常有趣。有時飼養者會不知如何辨別桔梗鸚鵡身上是否顯現出閃光基因，主要是因為一隻成熟的紅胸黃桔梗（22號），其外觀與紅胸閃光黃桔梗（23號）有許多相似處，幼鳥也有一點像，更別說雄雌鳥的差別，因此新手飼養者常常有

一些疑惑，在此稍微描述彼此的差別。

　　一般全紅胸黃色桔梗（22號）所顯現出來的特徵，雄鳥為全紅胸，加上翅膀兩側的紅色飾條，雌鳥則為半紅胸，沒有翅膀飾條，這是全紅胸黃桔梗的外觀特徵。

　　全紅胸黃桔梗加上閃光基因（Opaline），即是全紅胸閃光黃桔梗（23號），顯現在桔梗身上的，會是雄雌鳥從出生開始皆為全紅胸，以及背上的紅色閃光噴點。閃光基因若延伸至背部，大多會與前胸的顏色一致。同樣的，原生種綠色桔梗加入閃光基因後，腹部的黃色會延伸至背部，成為黃色噴點，也就是綠閃光桔梗（18號桔梗）。

　　閃光為一種性聯遺傳，其遺傳機制如同肉桂、伊莎貝爾、白子等，與性別相關，雄鳥較為關鍵。

　　閃光桔梗背上的噴點多寡因個體而異，每隻皆不同，噴點面積愈大，則視為具有高比例的閃光基因。閃光桔梗雄鳥翅膀兩側的紅色區

這隻全紅胸閃光黃桔梗雌鳥，背部呈現大區塊的紅色噴點，閃光影響羽色的比例和區域，個體差異很大，每隻鳥兒都不太相同。
照片來源／Juifang Cheng

黃腹型的綠色閃光桔梗加上稀釋基因，綠色由黃色所取代，呈現出近乎全黃的外觀。
照片來源／Juifang

塊一般會消失，或是僅留下零星的紅色小斑點，尾羽根部也會呈現微紅。此外，閃光桔梗雌鳥翅膀內側的白色斑點，一般來說會明顯大於雄鳥（偶有例外），可依此初步判斷閃光桔梗的性別。

　　以上是桔梗基因幾種較常見的基礎類型，另外還有暗色基因、灰色基因、肉桂基因與紫羅蘭基因，彼此可以自由地組合與共顯。

大部分的閃光桔梗，雄鳥和雌鳥翅膀內側的斑點大小不同，雄鳥的斑點通常較小。　照片來源／秋草閣　阿克

桔梗鸚鵡突變種稱呼

臺灣飼養者常以數字編號稱呼桔梗鸚鵡的突變種，例如將原生種桔梗稱為16號桔梗，這其實是依據荷蘭Van Keulen Kooien寵物鳥用品公司所編印的小草鸚鵡品種海報，裡面從編號16號的原生種開始，針對桔梗鸚鵡常見的突變做排序。臺灣鳥友為了方便，直接以海報中的編號稱呼桔梗鸚鵡，數字本身並無任何遺傳或突變上的意義。其他在桔梗鸚鵡身上常用的18號、19號、22號、23號等代號，皆為同樣情況。

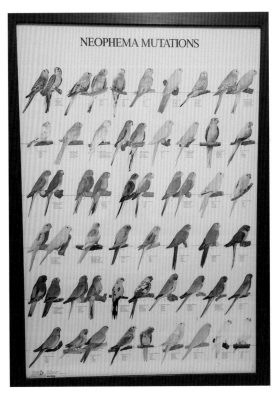

這張由Van Keulen Kooien公司所編印的小草鸚鵡海報，影響了本地鳥友對桔梗鸚鵡的稱呼，將冗長的基因名稱簡化以數字稱之。
照片來源／CAT

光輝鸚鵡常見的羽色基因

　　在三種臺灣常見的澳洲小草鸚鵡中，光輝鸚鵡應該是羽色變種最多元豐富的。以下針對光輝鸚鵡的變種基因稍加描述。

第一大類：原生種與隱性遺傳

　　原生種光輝鸚鵡屬於顯性遺傳，加上隱性遺傳機制後，發展出部分藍化（Par-blue）的海水系列（包含海水綠、海水藍），以及完全藍化（Blue）的藍白光輝，即為光輝鸚鵡突變基因的三大基礎品系：（A）原生種、（B）海水系、（C）藍白系。這三種顯性／隱性機制的變種是彼此獨立、無法互相共顯的基因，三種類型僅能表現出其中一種。

原生種、海水、藍白，為光輝鸚鵡的三大基礎羽色品系。
照片來源／秋草閣　阿克

第二大類：顯性遺傳

　　由上述三大品系出發，可結合顯性遺傳類型並加以共顯。常見的顯性類型變種為（1）灰色基因、（2）紫羅蘭基因、（3）邊羽基因，這三種顯性基因可與三大基礎品系之一結合，共顯在一隻光輝鸚鵡身上。例如：原生種＋紫羅蘭＋邊羽（Violet Spangle Wild），或是海水綠＋灰黑（Gray Aqua）等，皆為可能的組合情況。結合之後，鳥兒能共顯出更加多元的外觀表現。

不同程度的藍色光輝鸚鵡，呈現出不同的樣貌。
照片來源／秋草閣　阿克

1 紫羅蘭海水綠光輝鸚鵡，幼鳥時期就可以看出額頭、翅膀邊緣有明顯的紫色。
照片來源／William Jonker

2 邊羽基因對光輝鸚鵡羽色影響的面積和範圍，每隻都不盡相同。圖中這隻單基因邊羽光輝鸚鵡，可以看到翅膀末端明顯的顏色退化。
照片來源／秋草閣　阿克

3 灰（黑）白胸閃光光輝鸚鵡，原本的藍色已經被灰色所覆蓋。
照片來源／秋草閣　阿克

第三大類：性聯遺傳

　　性聯遺傳是光輝鸚鵡另一種常見的遺傳機制類型，並且會大幅度地改變光輝鸚鵡的外貌。光輝鸚鵡常見的性聯變種基因為（1）黃化基因、（2）清淡（伊莎貝爾）基因、（3）肉桂基因、（4）閃光基因，這四種常見的性聯遺傳，同樣可結合三大基礎品系之一，並且與

全紅胸黃化光輝鸚鵡雄鳥。雄鳥在換毛後，胸部的紅色和腹部的紅色會連成一片，形成全紅胸的正面外觀。
照片來源／秋草閣　阿克

天空藍閃光光輝鸚鵡。天空藍為藍色加上清淡基因而淡化的表現。
照片來源／秋草閣　阿克

紫羅蘭肉桂邊羽白胸光輝鸚鵡。肉桂色和紫色共顯，呈現出柔和薰衣草風格的淡紫色。
照片來源／秋草閣　阿克

黑白胸閃光光輝鸚鵡。閃光小草鸚鵡背上的噴點顏色通常會與胸腹部的顏色一致。
照片來源／秋草閣　阿克

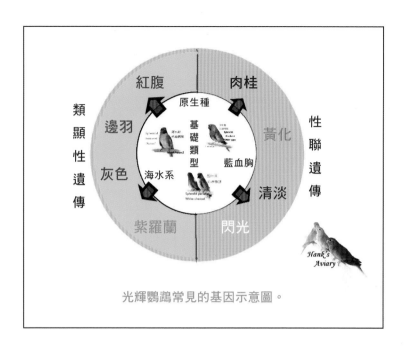

光輝鸚鵡常見的基因示意圖。

第二大類的所有基因共顯。舉例來說，一隻藍白光輝，可結合紫羅蘭、灰色、邊羽，變成「黑白肚邊羽光輝」，甚至再進一步結合第三大類的肉桂和閃光，成為「黑白肚閃光肉桂邊羽光輝」。從原生種出發，一隻鳥甚至有可能共顯出4～5種的變種基因。

以上方示意圖輔助說明光輝鸚鵡的變種基因。從原生種出發，先發展出海水系與藍白系，此三大獨立品系可結合第二大類的顯性基因，多層次地共顯於鳥兒身上。示意圖右側的基因屬於性聯遺傳，可加進光輝的基因變種組合裡，呈現出豐富多樣的外貌。

上述僅列出光輝鸚鵡的常見基因，並非全部。光輝鸚鵡至少還有全紅胸（Full-red Fronted）、華勒（Fallow）、派特（Pied）、斑色（Mottled）等基因可共顯。合理推測可能仍有更多的未知變種基因存在於光輝鸚鵡身上，等待育種者加以發覺、固定，並發展出來。

變種光輝的樣貌各異其趣，這也是系統繁殖迷人的地方，喜歡怎樣的鳥兒外觀，即努力地朝該方向培育，每當繁殖出滿意的羽色時，那種喜悅絕對令人難以言喻。

光輝鸚鵡變種基因懶人包

以更簡單的方式說明光輝鸚鵡的基因。光輝鸚鵡的原生種（Wild）為綠色，基因突變後發展出綠中帶藍的海水系列（Aqua、Turquoise），以及以藍色為主的藍白系列（Blue），這三種品系為光輝鸚鵡的基礎類型，歸納如下：

基礎型A　原生種：綠色為主，雄鳥紅胸、黃腹，雌鳥無紅胸。

基礎型B　海水系：藍綠之間，雄鳥橘胸、奶油色腹部，雌鳥無橘胸。

基礎型C　藍白系：藍色為主，雄鳥前胸全白，雌鳥僅有下腹呈白色。

上述三種品系彼此獨立、無法共顯，故僅能表現出其中一種的外觀，但是可與其他新加入的基因共顯。參考141頁的示意圖，左側的基因屬於顯性遺傳，右側為性聯遺傳，這些基因皆可能以一個或多個的方式，加在三種基礎型的光輝身上，形成所謂的「多重基因共顯表現型」，當你看到一隻光輝的名稱冗長，通常即為此種情況。舉例來說，「紫羅蘭肉桂閃光邊羽海水綠光輝鸚鵡」即是以「海水綠光輝」為基礎，加上「肉桂」、「閃光」，以及「邊羽」這三種基因並共顯。

海水系列的光輝鸚鵡，身
上有多種基因共顯。
照片來源／秋草閣　阿克

紫羅蘭海水綠閃光邊羽光
輝鸚鵡，為多重基因的組
合與共顯。
照片來源／秋草閣　阿克

白胸系列的紫羅蘭邊羽光
輝鸚鵡。
照片來源／秋草閣　阿克

小草鸚鵡的個體之間，儘管羽色基因組合相同，但仍會因為分布區域和比例多寡的差異，呈現出不同的顏色外觀。
照片來源／William Jonker

合理推測，小草鸚鵡身上仍有更多未知的羽色基因尚待發掘。
照片來源／秋草閣　阿克

Hank's Aviary

第八章

小草鸚鵡常見的羽色變種類型

(一) 顯性遺傳類型

灰色基因 *Gray*	遺傳機制	光輝鸚鵡為不完全顯性 桔梗鸚鵡為完全顯性
	常顯現品種	光輝鸚鵡、桔梗鸚鵡

灰白光輝是灰色基因附加在藍白光輝身上顯現的結果。
照片來源／秋草閣　阿克

　　原生種的羽色是小草鸚鵡最常見的羽毛顯性遺傳，然而在小草鸚鵡的羽色遺傳上，顯性遺傳的基因不只一種，灰色基因也屬此類，常出現在光輝鸚鵡身上。

　　灰色對偶基因具有增色的特性，可以覆蓋原本的羽毛外觀，因此一隻綠色的原生種，可能被同為顯性遺傳的灰色基因所覆蓋，形成所謂的「灰綠光輝鸚鵡」。同樣的道理，海水光輝加上灰色基因即成為「灰海水光輝」，而藍白光輝加入灰色基因則為「灰白肚光輝」。由於原生種和灰色基因同為強勢的顯性遺傳，因此在統計上，若將灰綠

光輝與原生種光輝配種，其子代會是50％的灰綠光輝以及50％的原生種。

灰色基因屬於顯性遺傳，因此成對的染色體中只要有一個灰色基因（以Gg表示），灰色就會顯現出來。而當灰色基因成對出現時（以GG表示），灰色的呈現會更加深沉，故灰色基因又可分為單基因灰（Single Factor Gray）與雙基因灰（Double Factor Gray）兩種。雙基因灰白肚光輝的外觀，會顯現出黑白更加分明的墨黑色。

此外，當灰綠光輝加上黃化基因（Lutino）時，其子代紅眼黃化光輝頭部與翅膀的淡藍色會消失，由純白色取代，雖然外觀上不明顯，但仍可依此特徵與一般的原生種黃化做區別。

桔梗鸚鵡的灰色基因最早被發表於西元1991年，顯現在綠色系列的桔梗身上，其背部羽毛呈灰綠色，頭部和翅膀的藍色則由鉛灰色取代。灰色基因如果顯現在黃色系列的桔梗身上，背部的黃色會較為深沉，頭部和翅膀的水藍色會由淺灰色取代。灰色基因在桔梗身上屬於完全顯性，單基因與雙基因的差別幾乎不存在，從外觀看起來皆相同。

灰色基因在視覺上屬於暗色系列，會改變及加深光輝鸚鵡的顏色，但有趣的是，它仍然可以與性聯遺傳的淡化基因（如肉桂、清淡）共顯，呈現出「灰色肉桂」等表現，也算另有韻味。

紫羅藍基因 *Violet*	遺傳機制	不完全顯性
	常顯現品種	光輝鸚鵡、桔梗鸚鵡

  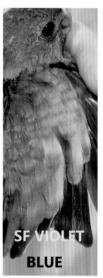

SKY BLUE (Isabelle) 天空藍(清淡)　　**NORMAL BLUE** 藍白胸　　**SF VIOLET BLUE** 紫羅蘭白胸

紫羅蘭基因屬於顯性遺傳，紫色色素能夠顯現在以藍色為基礎的羽毛上，使顏色對比更加分明，紫色的羽毛在幼鳥時期就會清楚地顯現。　照片來源／秋草閣　阿克

　　紫羅蘭的羽色屬於顯性遺傳，有著附加的特性，故該基因可以顯現在「能夠保留藍色色素」的光輝和桔梗身上，使原本的藍色變成一般紫色（單基因，SF）或深紫色（雙基因，DF）。反之，紅眼黃化光輝即使身上帶有紫羅蘭基因，但因羽毛中的黑色、褐色、藍色等色素已盡數消失，因此外觀上也看不出來。儘管如此，紫羅蘭基因如果存在於這類鳥兒身上，縱使外觀無法辨識，在遺傳上仍會產生作用，同樣有機會遺傳給子代並顯現出來。

當紫羅蘭基因結合光輝鸚鵡的三種隱性遺傳品系，即會變成原生種紫羅蘭、紫羅蘭海水綠、紫羅藍白胸光輝。但若是附著在沒有藍色色素的鸚鵡身上，如「紫羅蘭紅眼黃化光輝」，其外觀無差異，觀賞的意義不大。

紫羅蘭可與其他基因共顯（如閃光基因），兩者共顯的結果，顏色對比會更加強烈，深色更深、淺色更淺。以「藍白胸紫羅蘭閃光光輝」為例，在藍紫色的光輝身上，又噴上閃光基因如雪花片片的斑點，加深藍白色的對比，非常美麗。

紫羅蘭閃光光輝鸚鵡幼鳥，藍白對比非常強烈。
照片來源／秋草閣　阿克

紫羅蘭能在藍色羽毛的基礎上再加上紫色的色彩表現。
照片來源／台北　Sharon

邊羽基因 *Spangle / Edged*	遺傳機制	光輝鸚鵡為不完全顯性 秋草鸚鵡為隱性
	常顯現品種	光輝鸚鵡、秋草鸚鵡

原生種邊羽秋草，每隻的斑點分布皆不相同。
照片來源／William Jonker

　　邊羽基因（Spangle）的英文又稱為Edged，荷蘭文寫作Geroomd，目前沒有固定的中文翻譯，筆者習慣以「邊羽」稱之，也有鳥友直接以「邊緣」（Edged）來稱呼。光輝鸚鵡的邊羽是近幾年才被繁殖者發現並加以培育的基因，算是較新穎的羽色變種，若顯現在光輝身上，對羽色的改變幅度很大，有著非常令人驚艷的表現！

　　邊羽基因最早發現於虎皮鸚鵡身上，是一種不完全顯性基因。邊羽會使虎皮鸚鵡飛行羽原本的黑色素部分退化，僅留下邊緣一圈的深

色基因，顯現出如魚鱗般片片層疊的外觀。

邊羽基因對光輝鸚鵡的顏色退化影響不盡相同，有時也會擴大範圍，顯現在鸚鵡的頭部、背部甚至腰部，使區塊絲狀的顏色退化或整體顏色淡化。在小草鸚鵡身上，邊羽基因可分為單基因（SF）和雙基因（DF），雙基因邊羽的鸚鵡會呈現全黃或全白，但眼睛為黑色的個體（有別於Lutino和Abino的紅眼個體）。

近幾年，歐洲陸續有繁殖者將光輝鸚鵡的邊羽基因與其他基因結合，共顯出層次更加豐富且多元的羽色表現，非常細緻典雅。以視覺觀賞的角度來說，邊羽基因能夠大幅度改變鳥兒的外觀，是非常實用的基因元素。

秋草鸚鵡也有類似光輝鸚鵡的邊羽基因，但屬於隱性遺傳。原生種邊羽秋草，在幼鳥時期會表現出明顯的鱗片狀羽毛，但換毛後可能轉為更大面積的黃色，黑色鱗狀羽毛反而變得不明顯。在不同的秋草個體身上，邊羽基因所呈現的外觀差異甚大。

光輝鸚鵡的邊羽變種

邊羽基因屬於不完全顯性，其原理類似於桔梗的暗色基因或是光輝的紫羅蘭基因，當兩條染色體成對排列時，即顯現出「雙基因」（DF）的表現，強度比「單基因」（SF）更為濃烈，呈現更深的顏色，或者更大幅度的顏色退化。以紫羅蘭基因來說，「單基因紫羅蘭」在藍光輝身上

體色偏黃的單基因邊羽光輝鸚鵡，此個體的邊羽基因對毛色影響的範圍很大，呈現出大面積的顏色退化。
照片來源／Marnik Bostyn

兩隻單基因的邊羽光輝結合，有機會產下雙基因邊羽的子代。
照片來源／秋草閣　阿克

三大品系的光輝鸚鵡，加上雙基因邊羽之後的羽色呈現。
照片來源／秋草閣　阿克

Blue DF Spangle

Wild DF Spangle

Aqua DF Spangle

可能只比普通藍更加紫一些，外觀差異較輕微；「雙基因紫羅蘭」則呈現濃烈的深紫色，一眼即可辨識。

對於光輝鸚鵡的邊羽基因而言，「單基因邊羽」使大翅與尾羽的部分色素退化，顏色的改變主要集中於大翅和背部的羽毛上；「雙基因邊羽」則顯現出全身性的顏色退化，使整隻鳥近乎全黃，且雄鳥的紅胸色塊消失（換毛後也一樣），但眼睛、嘴巴、腳爪及部分羽毛仍保有黑色素，呈現沒有紅胸的「黑眼黃色光輝」。

基於相同的道理，雙基因邊羽顯現在海水系光輝身上即為「黑眼乳黃／乳白光輝」，顯現在藍白光輝身上則為「黑眼白色光輝」。而外觀有點相似的「紅眼黃化」（Lutino），在鳥類中是完全缺乏黑色素的表現，屬於較弱勢的基因，動物若帶有此基因，一般來說體質會稍弱，光輝鸚鵡亦然。然而根據歐洲繁殖者的觀察，黑眼的雙基因邊羽黃色光輝，其體質和健康程度與一般的原生種類似，一樣強壯且容易飼養。邊羽基因也可與其他類型的基因共顯。

單基因與雙基因邊羽變種在繁殖上，其子代的組合機率簡單歸納如下：

(1) 單基因邊羽×一般光輝＝50％一般光輝＋50％單基因邊羽
(2) 單基因邊羽×單基因邊羽＝25％一般光輝＋50％單基因邊羽＋25％雙基因邊羽
(3) 單基因邊羽×雙基因邊羽＝50％單基因邊羽＋50％雙基因邊羽
(4) 雙基因邊羽×雙基因邊羽＝100％雙基因邊羽

暗色基因	遺傳機制	不完全顯性
Dark Factor	常顯現品種	桔梗鸚鵡

暗綠桔梗鸚鵡的顏色比一般綠色桔梗的顏色更加強烈。

照片來源／秋草閣　阿克

草甘桔梗為雙暗色基因的結合（DF Dark Factor），呈現非常深濃的橄欖綠色。

照片來源／秋草閣　阿克

　　暗色基因經常發生於小型鸚鵡身上，如愛情鳥、橫斑、桔梗等。帶有暗色基因的鸚鵡，最常見的大概就是牡丹鸚鵡了吧！當原生種的牡丹加上暗色基因時，會變成羽色深綠接近橄欖色的草甘牡丹，而由藍牡丹突變而成的紫羅蘭牡丹，也是暗色基因的作用。前面提到動物的染色體為成對，鳥兒只要有一條染色體帶暗色基因（單基因），在外觀上就會顯現出來，呈現較深的顏色。

　　原生種桔梗鸚鵡的綠色外觀為完全顯性，而暗色基因屬於不完全顯性。以綠色的原生種桔梗鸚鵡為例，當普通綠桔梗加上一個暗色基因，就會變成單基因暗綠桔梗（Dark Green），而當一對染色體同時帶有暗色基因，則為雙基因草甘桔梗（Olive）。

暗色基因可以與其他變種基因並存共顯，因此有可能看到其他顏色的桔梗加上暗綠或草甘的表現，它甚至也可以和隱性基因（如稀釋基因）及性聯基因（如肉桂基因）結合。暗綠桔梗除了身上的綠色更深之外，頭部會呈現藍紫色，飛行羽的藍度也會增加。而如果是草甘桔梗，其綠色會轉為極深的橄欖綠，頭部的藍色和飛行羽則呈現暗紫色。以上特徵會隨著換羽和年紀的增加，愈來愈明顯。

　　當暗色基因顯現在黃桔梗身上時，其外觀的辨別難度會增加。不同於綠桔梗可由綠色的深淺來判斷，黃桔梗本身的黃色經常有深有淺，可能偏黃或偏綠，因此從黃色羽毛來辨別是否有暗綠基因有時並不容易。

　　暗色基因最好從飛行羽和頭部的藍色來判斷。帶暗色基因的黃桔梗，頭部的天空藍會變成淺紫色，飛行羽末端的藍色也會由紫色取代，若與黃桔梗放在一起比較即可看出差異。而雙基因的黃草甘桔梗會更容易判斷，其黃色羽毛會呈現較混濁的黃色（不同於普通的亮黃），頭部和飛行羽則會整片轉成灰紫色，用不著展開翅膀，從外觀即可一目瞭然。

　　暗色基因的遺傳組合，簡單敘述如下：

(1)　暗綠×一般綠＝50％一般綠＋50％暗綠
(2)　暗綠×暗綠＝25％一般綠＋50％暗綠＋25％草甘
(3)　暗綠×草甘＝50％暗綠＋50％草甘
(4)　草甘×草甘＝100％草甘

全紅胸基因 *Full-red Fronted*	遺傳機制	不完全顯性
	常顯現品種	光輝鸚鵡、桔梗鸚鵡

光輝鸚鵡的紅色腹部屬於不完全顯性，個體表現具有程度上的差異。
照片來源／小曹

桔梗鸚鵡的紅色胸部也屬於不完全顯性，因此也可能會出現半紅的個體。
照片來源／秋草閣　阿克

原生種光輝鸚鵡又被稱為鮮紅胸鸚鵡（Scarlet-chested parakeet），其成熟雄鳥的胸部上半，會呈現大片鮮紅色的羽毛（雌鳥則無）。國際上也常用「Splendid parrot」來稱呼這隻鳥，意思接近中文的「光輝鸚鵡」，描述這隻鸚鵡繽紛華麗的多樣色彩。

隨著基因的篩選與育種，光輝鸚鵡發展出全紅胸的表現型，即俗稱的「全紅胸光輝鸚鵡」（Full Red-fronted Splendid Parakeet）。雄鳥原本的黃色腹部被紅色羽毛取代，在第一次換毛後，胸部連接至腹部會呈現一整片全紅。雌鳥則只有腹部呈紅色。要培育出全紅胸光輝

鸚鵡，其遺傳學上的基因機轉可分為兩個部分來探討。

首先，原生種光輝鸚鵡胸部的紅色羽毛是與生俱來的，只要是雄鳥，換毛後皆會顯現，因此要培育出一隻「全紅胸光輝鸚鵡」，繁殖者的任務是強化腹部的紅色。原生種光輝鸚鵡腹部的紅色羽毛屬於「不完全顯性」，在雄鳥和雌鳥身上皆可顯現。「全紅胸」其實是一種表現在雄鳥外觀的特徵，而非獨立基因，其遺傳關鍵是由「不完全顯性」的紅色腹部基因所決定，因此繁殖者在全紅胸光輝的培育上，僅需專注於腹部紅色羽毛的加深即可。

小草鸚鵡的紅腹羽毛，在幼鳥時期就會清楚顯現（圖為全紅胸光輝鸚鵡幼鳥）。
照片來源／秋草閣　阿克

以不完全顯性的理論來看，一隻肚子很紅的親鳥，與一隻肚子完全不紅的親鳥配種，其第一子代會有中間型的表現，即「半紅腹」類型。繁殖者只要挑選紅腹特徵明顯的子代並向下培育，子代的紅腹就有可能愈來愈顯著，最終達成全紅腹的目標。全紅胸基因如此顯現在紅胸型的雄鳥身上，即所謂的「全紅胸光輝鸚鵡」（雌鳥只有腹部呈紅色）。

此外，對桔梗鸚鵡而言，原生種桔梗的胸腹部皆呈黃色，但紅色羽毛偶爾也會出現於桔梗鸚鵡的腹部及前胸，若加以育種，就能將完整的紅色胸部保留下來，形成「全紅胸桔梗鸚鵡」。

然而，由於該基因不完全顯性的遺傳特性，也可能出現前胸只紅一半的個體，若前胸或腹部的紅色比例僅占30％或50％等，則不能

稱之為「全紅胸」，但對基因培育者而言，這本來就是一個可能歷經的育種過程，是否能這樣稱呼並非那麼重要。

　　小草鸚鵡的全紅胸，基本上就是前胸紅色羽毛的極致表現，了解其機轉，並朝著期望的方向加以培育即可。小草鸚鵡全紅胸的表現只是另一種美感的呈現，有些鳥友可能還更喜歡原生種全黃腹型的小草鸚鵡呢！

(二) 隱性遺傳類型

藍化突變 *Par-blue & Blue*	遺傳機制	隱性
	常顯現品種	光輝鸚鵡

從原生種的綠色，到海水系列的藍綠色，再到藍白系列的藍色，為藍化突變的歷程。海水系列的羽色介於藍綠之間，又稱為部分藍化。

照片來源／秋草閣　阿克

　　自然界中，鸚鵡大多生活在有綠色植物的環境，因此原生種的鸚鵡以綠色羽毛居多。然而，隨著人工繁殖與篩選培育的進行，出現了各式各樣的羽色變種（mutations），使同一種鸚鵡呈現出各種繽紛多彩的羽色外觀。以下將從基因與色彩學的角度，說明光輝鸚鵡藍色基因的作用機轉。

　　下列為目前已知會影響鸚鵡羽色外觀的因素，其各自的排列、比例、多寡等，皆會影響鸚鵡羽色的呈現：

(1) 黑色素系（melanin）：呈現黑、灰、藍、褐等暗色系顏色（grey family pigments）。

(2) 鸚鵡色素（psittacin pigments）：呈現黃、粉紅、橘、紅等暖色系顏色（yellow family pigments）。

(3) 結構顏色（structural colors）：羽毛經光線折射和反射所造成的顏色改變。

依據色彩學的原理：綠色＝黃色＋藍色，如果將原生種綠色光輝身上鸚鵡色素的黃色色素去除，就會呈現藍色。因此，若觀察原生種光輝與藍白胸光輝就會發現，去除光輝鸚鵡的黃色色素之後，鳥兒的背部會從綠色變成藍色，腹部則由黃色轉為白色。

至於光輝雄鳥的紅胸，前面有提到鸚鵡色素除了控制黃色之外，也可能同時控制紅色，因此在藍化的變異過程中，藍光輝不僅黃色色素被消除，連胸部的紅色也會一同被抹去（因兩者皆由鸚鵡色素所控制），故藍化之後的光輝鸚鵡，會呈現藍色的頭部、背部以及純白的胸部。

海水綠（Aqua）和海水藍（Turquoise）這兩種光輝羽色也屬於類似機制。若仔細觀察，海水綠的背部偏向綠中帶一點藍，而海水藍的背部則偏向藍中帶一點綠。此外，海水綠的胸部呈鮭魚紅色，海水藍的胸部則呈淡橘色，兩者的腹部皆為深淺不一的奶油色。無論是海水藍或是海水綠，變種上皆屬於「不完全藍化」，或稱為「部分藍化」（Par-blue）。簡單來說，就是控制去除黃色和紅色的基因，在遺傳時進行不完全藍化，因此保留了不同比例的黃色，而出現海水系列這樣的中間表現型（原生種／藍白胸）。

部分藍化（Par-blue）為較複雜的基因類型，除了海水綠和海水藍之外，還可能有中間型的非定型個體類型，也就是看不太出來是海水藍還是海水綠，顏色剛好介於中間。

因此，以原生種綠色為基礎所衍生出的海水綠、海水藍，最終到完全藍化的藍白系列，皆為基因序列中消除黃、紅鸚鵡色素的比例不同所造成的視覺效果。藍化系列屬於隱性遺傳，親代雙方皆必須帶有藍色基因，子代才有機會顯現出來。

稀釋基因 *Dilute*	遺傳機制	隱性
	常顯現品種	桔梗鸚鵡

桔梗鸚鵡的黃色屬於稀釋基因，和紅眼黃化（Lutino）基因不同，兩者儘管外觀類似，但是遺傳機制完全不一樣。

照片來源／Yabu SayYo

　　淡化基因中的「Dilute」突變，中文譯作稀釋基因或黃色基因，常發生在桔梗鸚鵡身上，是將鳥兒體羽色素的不規則沉澱，轉為深淺度分布較均勻的淡色表現。意指稀釋基因會將體羽分布不均的綠色系列色素平均分配與淡化，使全身體羽色素呈現一致的黃色。在小草鸚鵡中，稀釋基因目前只出現在桔梗鸚鵡身上。

　　稀釋基因會使綠色系列的桔梗轉為黃色，原本翅膀或是頭部的黑色，也會稍微變淡成為棕黑色。特別要說明的是，雖然稀釋基因和黃化基因（Lutino）在外觀上的呈現皆以黃色為主，但兩者的遺傳機制完全不同。

(三) 性聯遺傳類型

肉桂突變 *Cinnamon*	遺傳機制	性聯
	常顯現品種	光輝鸚鵡、桔梗鸚鵡、秋草鸚鵡

肉桂基因會使原本的顏色淡化，並表現出些許的棕色色調。　照片來源／秋草閣　阿克

　　肉桂基因是一種淡色基因，在大部分的鸚鵡身上皆屬於性聯遺傳，其作用為抑制深色色素，使其不要轉為黑色，呈現偏棕色的狀態。因此，肉桂表現型的鳥兒，其羽毛會顯現出淡化感，黑色的部分變為棕色，綠色背部也會稍微淡化並呈現黃綠色，全身已沒有純黑的黑色素，因黑色素皆被轉為肉桂般的淡化顏色，該特性藉由觀察鳥兒的腳爪也可發現差異。

　　此外，肉桂小草鸚鵡在幼鳥時期的眼睛顏色較淺，看起來為酒紅色（俗稱葡萄紅眼），尤其是剛出生前幾天的幼鳥，更是呈現出非常

類似黃化或白子鸚鵡的紅眼。然而，隨著年齡的增長，葡萄紅眼會逐漸加深，肉桂成鳥的紅眼色澤幾乎與一般鸚鵡的黑眼沒有差別，須透過強光或手電筒照射才能看出少許差異。肉桂基因會柔化光輝原本的顏色，也能與許多基因共顯，是很好的基因素材。

清淡基因	遺傳機制	光輝為性聯
Pallid	常顯現品種	光輝鸚鵡

秋草鸚鵡的清淡華勒表現屬於隱性遺傳。
照片來源／KEN

在光輝鸚鵡身上，清淡基因
和藍白基因共顯的結果，就
是俗稱的天空藍光輝鸚鵡。

　　清淡基因（Pallid）又稱為伊莎貝爾基因（Isabelle），在光輝鸚鵡身上屬於性聯遺傳。清淡基因雖然也曾在桔梗鸚鵡身上被發現，但未被普遍發展。

　　清淡基因會加強黑色素以外的淺色色素，如棕色或黃色，使鳥兒的外觀看起來更為淺色調，表現出清淡基因的小草鸚鵡，其身上的色質或顏色濃度，會以淡化約20～30％的比例呈現出來。然而，其實鳥兒的黑色素並無減少，而是其他的淡色素被強化了，我們可以想像一下，在原本的深色顏料上加入更多的淺色顏料，則深色看起來會變淺。俗稱的天空藍光輝，即是淡化基因顯現於藍白胸光輝鸚鵡身上的表現。

淡化基因除了會使羽色呈現清淡色澤，在鳥的喙部與腳爪也可觀察到淡化現象。以原生種的小草鸚鵡為例，原本鉛黑色的喙部，在加入淡化基因之後，鳥喙邊緣會表現出些許的棕黃色（但不會很明顯），而對藍光輝的喙部顏色所產生的差異就比較大。此外，鳥兒瞳孔與虹膜的色差，也會比一般基因的鳥來得明顯。

　　除了清淡基因外，前面提及的肉桂基因也會使顏色變淡，兩者經常產生混淆。肉桂基因同樣會淡化羽色，但與清淡基因不同的是，肉桂表現型不含純黑的黑色素。

　　清淡基因與肉桂基因經常可以在虎皮、玄鳳、美聲、小太陽等鸚鵡身上看見，兩者也可進一步與其他變種結合並共顯。在光輝鸚鵡身上，肉桂基因與淡色基因也能彼此結合，形成所謂的「肉桂伊莎貝爾」。根據統計，這兩種基因互相結合的機率大約只有3％，且一旦結合就無法再將其分開。一般俗稱的象牙光輝，即是這兩種基因結合在藍白光輝身上，外觀為淡上加淡的表現。

　　清淡基因與肉桂基因的作用皆為淡化，但呈現出的外觀仍不太一樣。大體而言，兩者的羽色雖然都比原生種來得淡，不過清淡基因所呈現出的鳥喙顏色為較淺的黑灰色，肉桂基因則偏向棕色或土黃色。

閃光基因 *Opaline*	遺傳機制	性聯
	常顯現品種	光輝鸚鵡、桔梗鸚鵡、秋草鸚鵡

閃光基因在三種小草鸚鵡身上皆可見到。
照片來源／秋草閣　阿克

　　閃光變種在多數澳洲鸚鵡以及愛情鳥、面具鸚鵡身上均有發現。它屬於性聯遺傳，且可與許多其他的變種基因共顯。在三種小草身上，光輝鸚鵡的閃光基因發展最晚，近幾年才被發現並加以培育。

　　閃光基因會大幅度地改變鸚鵡羽色的分布模式，例如閃光愛情鳥會從原本的紅臉變成全紅頭，秋草鸚鵡則會從棕灰色的原生種變成粉紅秋草。在桔梗鸚鵡身上，俗稱的18號（黃腹綠閃光）、19號（全紅

胸綠閃光）以及23號（全紅胸黃閃光），皆為閃光基因顯現的例子。

　　當原生種光輝加上閃光基因，雄鳥胸前的紅色與背部的綠色面積會縮小，並由其他羽色取代之，而前胸羽毛的黃色則會增強，且背部呈現大片斑塊或閃光噴點，其顏色通常與前胸或腹部的羽色一致，整片延伸出來。閃光基因若顯現在藍白胸光輝身上，鳥兒前胸的白羽會整片延伸至背部，且整體的藍白對比更加強烈，在藍光輝雌鳥身上，前胸也會變得更白（類似雄鳥），而非像一般藍光輝雌鳥的上半胸還有藍色。閃光基因若顯現在紫色光輝身上，則紫與白或是紫與黃的對比會更加明顯。閃光基因會強化顏色對比，造成強烈的視覺衝擊，大大提升了光輝鸚鵡的觀賞價值。

　　閃光基因可自由地與其他顯性或隱性基因共顯。近年來，歐洲有些繁殖者嘗試將全紅胸光輝鸚鵡與閃光基因結合，想培育出以黃色為底、前胸與後背呈現大片紅色的光輝，其外觀近似23號桔梗（全紅胸黃閃光）。然而，這種在桔梗身上已經很普遍的表現型，在光輝鸚鵡身上卻是努力了許多年才稍有成果，且雖然兩者的外觀相近，但基因機制並不完全相同。

　　閃光基因最方便的地方在於，只需要一隻帶基因雄鳥即有機會產下具性狀的子代，並且能大幅度地改變光輝鸚鵡的外貌，使顏色對比更強烈，色彩分布更多樣，鳥隻呈現出更加繽紛斑斕的色彩，對育種者而言是十分珍貴且值得培育的基因。

原生型紫羅蘭肉桂全紅胸閃
光光輝鸚鵡。
照片來源／秋草閣　阿克

白胸紫羅蘭閃光光輝鸚鵡。
照片來源／秋草閣　阿克

紅眼黃化 *Lutino* 與紅眼白化 *Albino*	遺傳機制	性聯
	常顯現品種	光輝鸚鵡、秋草鸚鵡

黃化秋草就是原生秋草加上黃化（Lutino）基因的表現型。
照片來源／秋草閣　阿克

紅寶石秋草鸚鵡身上也有黃化（Lutino）基因。
照片來源／秋草閣　阿克

紅腹型黃化光輝鸚鵡雌鳥。　照片來源／秋草閣　阿克

　　前面提過影響鸚鵡羽色的主要因素為黑色素系、鸚鵡色素以及結構顏色，且綠色羽毛＝黃色羽毛＋藍色羽毛，因此若要將綠色鸚鵡變為黃色，即須去除屬於「黑色色素族群」的藍色色素。然而，控制藍

色色素的染色體，在執行過程中不僅會去除藍色，也會一併去除黑色、灰、褐色素等，故形成了「紅眼黃化光輝鸚鵡」。

紅眼黃化光輝身上屬於黑色素的灰、黑、藍等已全部消失，僅留下鸚鵡色素中的黃、白、紅、橘等顏色，造就了其獨特且無與倫比的美麗。而「紅眼白化光輝」是以黃化光輝為基礎，並將鸚鵡色素中的黃、紅色素去除（即黃化後再加上一次藍化），呈現出紅眼純白的外觀。若藍化不完全，則會產生所謂的乳黃或乳白光輝。

從原生種到黃化屬於性聯遺傳，而從原生種到白化，為性聯遺傳加上「藍化基因的隱性遺傳」，因此紅眼的遺傳機制更為複雜。

(1)紅眼黃化光輝＝綠色原生種光輝去除黑色素系列基因（黑、灰、藍）。
(2)紅眼白化光輝＝藍化光輝去除黑色素系列基因。

白化光輝顯現出紅色眼睛與純白色的外觀。
照片來源／CAT

黃化與白化

黃化鸚鵡通常使用Lutino一詞，意指鸚鵡從綠色變成紅眼黃化的遺傳現象。而白化鸚鵡則以Albino稱之，在人類身上即所謂的白子或白化症，為缺乏黑色素的遺傳表徵。

(四) 其他遺傳類型

「斑色」與 「派特」變種 *Mottled & Pied*	遺傳機制	尚未十分明確
	常顯現品種	光輝鸚鵡、秋草鸚鵡

斑色常出現於光輝鸚鵡身上，遺傳機制尚未十分明確。
照片來源／秋草閣　阿克

　　第一隻斑色變種（Mottled）光輝約在西元1967年出現於歐洲，根據赫爾曼・佐默（Herman Zomer）所述，此變種主要由G・范・馬爾森（G van Malsen）發展出來。

　　斑色變種會導致鸚鵡身上部分深色色素呈現不規則的消失，通常是以黃色取代綠色，或是由白色取代藍色。剛出巢的年輕中鳥，外觀一般來說與正常的光輝鸚鵡類似，但是隨著每次的換毛，身上的斑色會逐漸顯現並增加，最終固定下來。光輝斑色羽毛的分布範圍從5％到95％皆有可能，若斑色範圍擴大，雄鳥的性別特徵甚至會被覆蓋，胸前的紅色羽毛面積會漸漸縮小。

這種持續性、逐漸變化的斑色變種（Progressive-Pied），在虎皮鸚鵡、愛情鳥以及月輪鸚鵡身上均有發現。然而，其遺傳模式仍然難以捉摸，一般認為斑色變種可能屬於顯性遺傳。

前方這隻派特光輝鸚鵡雄鳥約4月齡，牠的初羽剛長出時與一般原生種光輝無異，但隨著逐漸成熟與換毛，其派特特徵漸漸浮現出來。
照片來源／秋草閣　阿克

除了上述的斑色之外，另一種為顯性派特（Dominant Pied），若顯性派特出現在光輝身上，那麼在巢內原毛鳥的初期階段，其羽色就會顯現出斑色，並持續一生。顯性派特的斑色程度較低，且雄鳥前胸的紅色羽毛退化面積也較不明顯，因此顯性派特雄鳥的紅胸通常仍會存在。

在澳洲也有一些光輝鸚鵡符合斑色的特徵，但牠們通常被認為是隱性派特（Recessive Pied），且在遺傳基因上仍不穩定。這類鸚鵡在原毛鳥階段的外觀類似普通原生種，但會隨著換毛逐漸演變成斑色羽毛，類似歐洲育種者所描述的斑色。牠們在澳洲被獨立地發展與培育，但應該也屬於斑色的遺傳族群，卻被認為是隱性遺傳，這也解釋了為何斑色變種對繁殖者而言，是如此地困難與難以掌握。

真正的隱性派特會有穩定的斑色羽毛，固定之後鳥兒的羽色一生都不會再改變。隱性派特並非「雌雄異型」（Sexual dimorphism），因此雄鳥的紅胸可能消失，並由斑色羽毛取代。

雌雄異型（Sexual dimorphism）

雌雄異型是指同一物種的雄雌具有不同外觀，如原生種的光輝鸚鵡，或是折衷鸚鵡等。而有些羽色變種會將此種特性消除，如雙基因邊羽光輝鸚鵡。

小草鸚鵡常見的變種俗稱

藍色系列的光輝鸚鵡加上灰色基因與肉桂基因，三者共顯，就是俗稱的布朗（Brown）光輝。圖為布朗閃光光輝。

照片來源／秋草閣　阿克

　　以原生種為起點，光輝、秋草與桔梗各自發展出不同的羽色變異，甚至會有多個變種基因共顯於一隻鳥兒身上，由於此種情況有時很常見，因此飼養者之間為了交流方便而發展出「俗稱」，以下歸納出臺灣小草鸚鵡常用的俗稱，可供對照參考。

光輝鸚鵡

(1) 銀光輝（Silver）＝藍白＋肉桂

(2) 天空藍光輝（Skyblue）＝藍白＋清淡（伊莎貝爾）

(3) 象牙光輝（Ivory）＝藍白＋肉桂＋清淡（伊莎貝爾）

(4) 布朗光輝（Brown）＝藍白＋肉桂＋灰色

秋草鸚鵡

(1) 紅寶石秋草（Ruby）＝閃光（粉秋）＋黃化

(2) 黃蕾絲秋草＝閃光（粉秋）＋清淡華勒

(3) 百香果秋草＝邊羽

桔梗鸚鵡

(1) 草甘桔梗＝雙基因暗綠

(2) 16號桔梗＝原生種桔梗

(3) 17號桔梗＝紅胸綠桔梗

(4) 18號桔梗＝黃腹閃光綠桔梗

(5) 19號桔梗＝全紅胸閃光綠桔梗

(6) 21號桔梗＝（普通）黃色桔梗

(7) 22號桔梗＝紅胸黃桔梗

(8) 23號桔梗＝全紅胸閃光黃桔梗

粉紅秋草鸚鵡
照片來源／秋草閣　阿克

原生種秋草鸚鵡（雌鳥）
Wildtype Bourke's Parakeet (Hen)

粉紅秋草鸚鵡（雌鳥）
Opaline Bourke's Parakeet (Hen)

原生種邊羽秋草鸚鵡（雄鳥）
Wildtype Spangle Bourke's Parakeet (Cock)

原生種邊羽秋草鸚鵡（雄鳥）
Wildtype Spangle Bourke's Parakeet (Cock)

179

黃化秋草鸚鵡（雌鳥）
Lutino Bourke's Parakeet (Hen)

黃化秋草鸚鵡（雌鳥）
Lutino Bourke's Parakeet (Hen)

黃化秋草鸚鵡（雄鳥）
Lutino Bourke's Parakeet (Cock)

黃化秋草鸚鵡（雄鳥）
Lutino Bourke's Parakeet (Cock)

180

紅寶石秋草鸚鵡（雌鳥）
Lutino Opaline Bourke's Parakeet (Hen)

紅寶石秋草鸚鵡（雌鳥）
Lutino Opaline Bourke's Parakeet (Hen)

紅寶石秋草鸚鵡（雄鳥）
Lutino Opaline Bourke's Parakeet (Cock)

紅寶石秋草鸚鵡（雄鳥）
Lutino Opaline Bourke's Parakeet (Cock)

黃腹草甘閃光桔梗鸚鵡
照片來源／秋草閣　阿克

原生種桔梗鸚鵡（雄鳥）
Wildtype Turquoiseine Parakeet (Cock)

黃腹暗綠閃光桔梗鸚鵡（雌鳥）
Dark green Opaline Turquoisenie Parakeet (Hen)

暗黃閃光桔梗（雌鳥）
Dilute Dark green Opaline Turquoisenie Parakeet (Hen)

暗黃閃光桔梗（雌鳥）
Dilute Dark green Opaline Turquoisenie Parakeet (Hen)

暗綠閃光桔梗鸚鵡（雌鳥）
Dark green Opaline Turquoisenie Parakeet (Hen)

草甘綠閃光桔梗鸚鵡（雄鳥）
Olive Opaline Turquoisenie Parakeet (Cock)

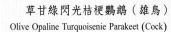

全紅胸閃光暗綠桔梗（雄鳥）
Red-fronted Dark green Opaline Turquoisenie Parakeet (Cock)

全紅胸閃光黃桔梗（雌鳥）
Red-fronted Dilute Opaline Turquoisenie Parakeet (Hen)

184

藍白胸光輝鸚鵡
照片來源／秋草閣　阿克

原生種光輝鸚鵡（雄鳥）
Wildtype Splendid Parakeet (Cock)

原生種肉桂光輝鸚鵡（雌鳥）
Wildtype Cinnamon Splendid Parakeet (Hen)

原生種紫羅蘭光輝鸚鵡（雄鳥）
Wildtype Violet Splendid Parakeet (Cock)

原生種紫羅蘭光輝鸚鵡（雄鳥）
Wildtype Violet Splendid Parakeet (Cock)

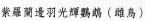
紫羅蘭邊羽光輝鸚鵡（雌鳥）
Violet Edged Splendid Parakeet (Hen)

雙基因邊羽閃光光輝鸚鵡（雌鳥）
DF Edged Opaline Splendid Parakeet (Hen)

紫羅蘭肉桂邊羽光輝鸚鵡（雄鳥）
Violet Cinnamon Edged Splendid Parakeet (Cock)

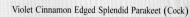
紫羅蘭肉桂邊羽光輝鸚鵡（雄鳥）
Violet Cinnamon Edged Splendid Parakeet (Cock)

黃化肉桂光輝鸚鵡（雌鳥）
Cinnamon Lutino Splendid Parakeet (Hen)

全紅胸黃化光輝鸚鵡（雌鳥）
Full Red-chested Lutino Splendid Parakeet (Hen)

全紅胸黃化光輝鸚鵡（雄鳥）
Full Red-chested Lutino Splendid Parakeet (Cock)

全紅胸黃化光輝鸚鵡（雄鳥）
Full Red-chested Lutino Splendid Parakeet (Cock)

188

紫羅蘭海水綠光輝鸚鵡（雄鳥）
Violet Aqua Splendid Parakeet (Cock)

紫羅蘭海水綠光輝鸚鵡（雄鳥）
Violet Aqua Splendid Parakeet (Cock)

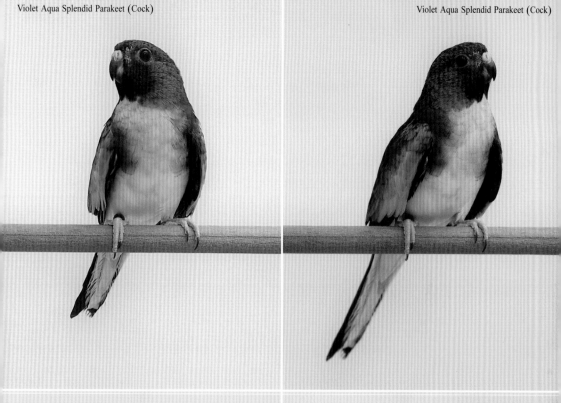

灰肉桂海水光輝鸚鵡（雄鳥）
Gray Cinnamon Aqua Splendid Parakeet (Cock)

灰肉桂海水光輝鸚鵡（雄鳥）
Gray Cinnamon Aqua Splendid Parakeet (Cock)

189

乳黃光輝鸚鵡（雌鳥）
Lutino Aqua Splendid Parakeet (Hen)

乳黃光輝鸚鵡（雌鳥）
Lutino Aqua Splendid Parakeet (Hen)

紫羅蘭海水綠邊羽閃光光輝鸚鵡（雌鳥）
Violet Edged Opaline Aqua Splendid Parakeet (Hen)

紫羅蘭海水綠邊羽閃光光輝鸚鵡（雌鳥）
Violet Edged Opaline Aqua Splendid Parakeet (Hen)

190

海水雙基因邊羽光輝鸚鵡（雄鳥）
DF Edged Aqua Splendid Parakeet (Cock)

灰黑海水光輝鸚鵡（雌鳥）
Gray Aqua Splendid Parakeet (Hen)

紫羅蘭白胸光輝鸚鵡（雄鳥）
White-chested Violet Splendid Parakeet (Cock)

紫羅蘭白胸肉桂邊羽光輝鸚鵡（雌鳥）
White-chested Violet Cinnamon Edged Splendid Parakeet (Hen)

191

白胸紫羅蘭天空藍閃光光輝鸚鵡（雌鳥）
White-chested Pallid Violet Opaline Splendid Parakeet (Hen)

白胸紫羅蘭邊羽光光輝鸚鵡（雄鳥）
White-chested Violet Edged Opaline Splendid Parakeet (Cock)

雙基因紫羅蘭白胸光輝鸚鵡（雄鳥）
White-chested DF Violet Splendid Parakeet (Cock)

雙基因紫羅蘭白胸光輝鸚鵡（雄鳥）
White-chested DF Violet Splendid Parakeet (Cock)

192

白胸雙基因邊羽光輝鸚鵡（雄鳥）
White-chested DF Edged Splendid Parakeet (Cock)

紫羅蘭白胸邊羽光輝鸚鵡（雄鳥）
White-chested Violet Edged Splendid Parakeet (Cock)

紫羅蘭白胸閃光光輝鸚鵡（雌鳥）
White-chested Violet Opaline Splendid Parakeet (Hen)

灰黑白胸閃光光輝鸚鵡（雄鳥）
White-chested Gray Opaline Splendid Parakeet (Cock)

第九章

健康與照護

(一) 挑選與檢視健康的小草鸚鵡

對飼養者而言，取得的小草鸚鵡若健康活潑，後續可免除許多的醫療照護、診治、用藥等工作，因此無論是購買新鳥，還是觀察自己所飼養的小草，判斷鳥兒是否健康都很重要。一隻健康的小草鸚鵡，可透過下列幾處加以檢視：

健康的小草鸚鵡，羽毛柔順並呈現光澤。
照片來源／秋草閣　阿克

(1) 羽毛光澤

健康的小草會勤於梳理自己的羽毛，讓羽毛維持在光澤柔順的狀態，若羽毛黯淡無光，甚至雜亂毛躁，那麼可能須多加留意。要注意的是，換羽期的鸚鵡，其羽毛較為稀疏凌亂為正常現象，無須擔心。此外，幼鳥剛學吃的時期，由於籠子不大且剛在學飛，故尾羽分岔、斷裂也很常見，這些都算正常現象。通常在第一次換羽結束、學會控制飛行後，即可恢復亮麗的外表。

健康的小草會梳理自己的羽毛，讓羽毛保持在巔峰狀態。
照片來源／Jacqueline Wagener

(2) 體態飽滿

對小草而言，體態保持中等或是略胖，抓起來感覺扎實飽滿，是較為理想的狀態。若從外觀目測就可看出過瘦，尤其胸骨明顯突出（俗稱刀胸），那一定是健康出了問題，須立刻就醫，新鳥在此種情況下也要避免購買。

(3) 腳爪完整

正常小草有四隻腳爪，負責抓握，在繁殖上也有固定身體的功能，缺腳爪不算健康缺陷，大部分也不會影響繁殖，但是觀賞價值降低，購買新鳥時可多加留意。一般而言，缺腳爪的鳥兒，通常可以用較為便宜的價格購入，也算是不錯的選擇。

(4) 肛門乾淨

健康的鳥兒，肛門附近羽毛整齊乾淨、無沾染排泄物，甚至看不出泄殖腔的出口，會被柔順的羽毛所覆蓋。反之，鳥兒下痢或拉肚子時，肛門附近會有明顯的屎塊沾黏，或是紅腫、掉毛，這些皆為健康不佳的警訊。

肛門附近若有過多排泄物沾粘，就要特別留意。

(5) 活力充沛

鸚鵡應該處於活潑好動的狀態，喜歡跳躍、飛翔或鳴唱，尤其清晨和黃昏，是活力最充沛的時段。若鳥兒一直羽毛蓬鬆、活動力不佳、呆站在棍子上或籠子底部，甚至處於埋頭姿勢、長期昏睡，那就一定是生病了，須儘速尋求專業的醫療協助。

(6) 眼神明亮銳利

眼睛炯炯有神的小草通常健康無虞。反之，經常閉眼或單眼緊閉的鳥兒，通常是生病了，如呼吸道感染，要儘快就醫診斷。

健康的小草鸚鵡眼神明亮。

(7) 呼吸平順

若小草鸚鵡張口呼吸或是呼吸有雜音，要儘快處理。造成的原因有很多，如細菌感染或是體內寄生蟲等。

明亮的眼神和亮麗的羽色，是一隻健康的小草鸚鵡從外觀上就可辨識的首要特徵。
照片來源／秋草閣　阿克

(8) 排泄正常

健康鸚鵡的糞便會成型，顏色則會依據吃的食物不同而有所變化。但如果鸚鵡的糞便呈現不成型的水霧

狀，或是顏色過深（深綠色、黑色、血便等）、過淺（全部白色、灰色），通常也需要注意。

自然界中的野生鳥類，生病時無精打采的樣子如果被獵食者或競爭者發現，即可能成為目標，因此牠們會故作健康、維持好精神，以避免遭到獵食或攻擊。基於上述理由，生病的鸚鵡可能會在飼主面前隱藏自己，讓人無法輕易察覺，然而當牠放鬆時，症狀就會顯現出來，故在觀察鸚鵡是否生病時，不能在短時間內隨意觀察，如有可能，請延長每天與牠相處的時間，使鳥兒放鬆，如此才能觀察到真正的狀態。

(二) 小草鸚鵡的體外寄生蟲

大部分的鳥類，包含鸚鵡，皆有可能感染體外寄生蟲，尤其若是曾經把鳥帶到戶外，或是接觸其他鳥隻，都會增加感染風險。如果鸚鵡高頻率地啃咬自身羽毛或腳爪，或是不斷搔癢、摩擦，導致皮膚、嘴、爪出血，即有可能是感染了體外寄生蟲。

小草鸚鵡較常感染的體外寄生蟲如羽蝨、禽蟎、疥癬蟲等，依附在羽管以及皮膚處，有些甚至以肉眼就可看到。感染體外寄生蟲會刺激皮膚和羽毛，鳥兒會不停地用嘴喙搔癢，導致羽毛凌亂、破損，呈現殘根等。

寄生蟲若寄生於鳥的皮膚內，會導致皮膚發炎，進而引起皮膚的細菌性感染，甚至會因為體外寄生蟲、細菌或黴菌的交互作用，造成二次性的侵入感染，嚴重者可能出血、潰爛。

體外寄生蟲的治療，以含有除蟲菊成分的除體外蟲噴霧劑或藥劑

鳥類專用的除蟲產品，正確
使用對鳥兒都是安全的。
照片來源／台中金瑞成鳥園

浸泡來治療，一般效果都不錯。這類藥劑對鳥兒是安全的，但在噴灑
或浸泡時，須避開鳥兒的口鼻，使用前可以請教有經驗的飼養者，並
學習處理。然而，若是小草鸚鵡的咬毛情況非常嚴重，皮膚已經紅腫
發炎，建議還是帶去專門治療鳥類的醫院看診會比較好。

　　上述藥劑如果在小草尚未發病時就定期使用，可以達到預防的效
果。此外，鳥籠、巢箱及鳥舍內部，建議定期噴灑與消毒，從環境上
根絕來源，效果更為顯著。

(三) 小草鸚鵡常見的症狀與可能原因

　　小草鸚鵡生病或受傷時，其身體狀況和外觀表現不盡相同，對照
平時健康的狀態，生病或受傷的鳥兒可能出現下列症狀，需要飼主協
助護理或者立刻送醫：

- ☐ 身上出現傷口、流血
- ☐ 長出腫塊、膿包
- ☐ 無精打采，頭部或翅膀下垂，無法站立於棲棍
- ☐ 羽毛豎起、澎毛、伴隨嗜睡狀態
- ☐ 張口呼吸、喘氣、呼吸有異音
- ☐ 眼睛或鼻腔異常溼潤、紅腫、發炎、流膿
- ☐ 嘔吐、咳嗽
- ☐ 不正常大量掉毛
- ☐ 痙攣、抽蓄、癱軟無力
- ☐ 血便、腹瀉、肛門髒污

打架或驚嚇碰撞可能導致小草鸚鵡出現外傷。

眼睛異常溼潤、紅腫，通常為細菌感染，須儘速就醫。
照片來源／Lin Wen-Yi

由專業的鳥禽類醫師來協助診治相當重要，從飼養第一隻小草鸚鵡開始，飼主就有責任密切注意牠的健康狀態。在鳥兒還是健康的情況下，就應該留意住家附近鳥禽獸醫的相關資訊，可以事先了解的項目如下：

(1) 離家最近的鳥禽醫院在哪裡？
　　距離住家有多遠？

(2) 獸醫是否專精於鳥禽診治？

(3) 鳥禽診治的收費概況為何？

(4) 動物醫院的營業時間？緊急情況下如何因應？

(5) 動物醫院是否有提供病鳥留院照護的服務？

(6) 獸醫了解小型鸚鵡（小草鸚鵡）嗎？

Point

有些獸醫並非專門診治鳥類，因此盡可能先打聽獸醫的專業領域較為妥適。

（附表）小草鸚鵡常見的症狀與可能原因

顯現症狀	描述	可能的原因
下痢	拉肚子、水便、糞便不成型、糞便顏色呈深棕色或綠色	消化道疾病 體內寄生蟲 鸚鵡熱 細菌或黴菌感染 鋅或鉛中毒
血便	排泄物含新鮮血液	子宮疾病 腸下垂 細菌感染
大量飲水	異常大量飲水	鋅或鉛中毒 腎臟疾病 肝臟疾病 環境過熱
飛羽和尾羽掉落	大翅和尾羽大量急速掉羽，羽根帶血，通常於幼鳥羽毛長成時發生	PBFD鸚鵡喙羽症
羽毛逐漸變黑、油毛或脆化	羽毛太乾燥或油膩	肝臟疾病 維生素缺乏或營養失調
局部掉羽	局部羽毛稀疏、搔癢、羽毛乾裂	皮膚病 體外寄生蟲感染
頭部羽毛掉落	禿頭、頭頂局部掉毛	同籠鳥啄羽 皮膚疾病 單眼傷風
呼吸急促	張口呼吸、呼吸有異音	呼吸道感染 毛滴蟲感染 感冒
眼睛痛	單眼緊閉、摩擦站棍、眼睛周圍紅腫溼潤	單眼傷風 呼吸道感染 眼睛細菌感染
踩踏站棍	於站棍上重複踏步、腳爪附著白色物體	疥癬蟲感染

（接續下頁）

顯現症狀	描述	可能的原因
啄羽、嘴爪有淺色附著物	羽毛凌亂、啃咬羽毛、皮膚發炎出血、腳上鱗片有白色的附著異物	疥癬蟲或其他寄生蟲感染
刀胸	短時間急速消瘦、胸骨明顯，肌肉喪失	線蟲感染 環境緊迫 無特定原因，鳥已經生病，須儘速就醫
痙攣	癱軟無力、抽蓄、短暫昏厥、呼吸急促、體溫升高	高度緊迫、過於緊張 狀況發生時不可用手抓鳥，請靜置不打擾，或噴一些水幫助降溫
羽毛蓬鬆	羽毛蓬鬆、沒有精神、棲息於籠底	無特定原因，鳥已經生病，須儘速就醫
眼睛緊閉	長時間閉眼、沒有活力	無特定原因，鳥已經生病，須儘速就醫
拒食	無進食或吃得極少、籠底幾乎沒有排泄物	無特定原因，鳥已經生病，須儘速就醫

※圖表僅供參考，鳥兒生病建議立刻就醫，由專業的鳥禽獸醫診治方為上策。

(四) 小草鸚鵡生病時的醫療建議

愛鳥生病時，飼主一定會急於得知疾病種類與治療建議，常見的情況大概就是上網或詢問朋友「我的鳥一直拉肚子，牠怎麼了？」「小鳥眼睛腫腫的，一直流眼淚。」「小鳥沒什麼精神，都在籠底睡覺，怎麼辦？」諸如此類的問題。

一般來說，鳥兒生病時應該要透過專業獸醫的診斷、治療與照護。飼主帶愛鳥去動物醫院時，獸醫一定會詢問鳥兒的狀況，接著觸摸、觀察、採檢體（唾液或糞便），甚至進行細菌培養、蟲卵檢查、

抗藥性測試等病理檢驗。獸醫會對疾病做出最正確的判斷，並對症下藥、交代照護方式。這個流程聽起來有點麻煩，因為飼主要親自跑一趟，而且可能很花錢（動物沒有健康保險），但對小草鸚鵡而言絕對是最佳的處理方式。

生命珍貴，但卻無常，小草鸚鵡也是如此。

　　如果詢問一般的飼養者或其他網友呢？ 第一，只透過照片，沒有實際看到生病的鳥，加上對症狀的描述可能不夠精確，如此就要判斷鳥兒生什麼病，實在過於草率。第二，萬一非專業人士的判斷錯誤（極有可能，因為僅能大致猜測），則後續使用的藥物肯定也不正確。未對症下藥的情況為，鳥兒生了A病，卻投以治療B病的藥物，不但無法解決病症，身體還須代謝治療B病的藥，除了對病況毫無幫助之外，更有可能雪上加霜。

　　當然，即使幸運地尋求朋友所得到的診斷正確，用藥也沒問題，卻也不過是恰巧猜對罷了，下一次呢？還是有猜錯的可能，飼主必須知道，他人的意見只是經驗法則，而且無須負責。當鳥兒生病了，身為飼主的你，願意花多少精神、時間、金錢去挽回牠？如果這隻鳥兒，是你生命中無可取代的寶貝，那麼請立刻送牠去動物醫院。

　　事實上，針對寵物常見的病況，吸收新知、努力學習是必要的，但無論是上網詢問或是收集鳥兒生病的資訊，最好都只將其作為參

考，僅用於緊急救護及後續照顧。鳥兒生病時，讓專業的獸醫診治，並利用儀器加以檢測、投藥，才是最佳的處理方式。

　　讓我們一起努力，盡可能珍惜與善待每個來到我們面前的生命。

盡可能善待每個來到我們面前的生命。
照片來源／Tomo Lee

寫在文末

在某個悠閒的假日清晨，沏壺好茶，與心愛的小草鸚鵡一起。

鳥兒們在籠內嬉戲，或整理羽毛，或自在進食，偶爾發出悅耳溫潤的鳴唱聲，伴隨著鳥舍的植栽綠意，感受風的吹拂。

有些小草父母們正忙著育雛，溫柔地查探巢箱，小傢伙們都健康地成長著。手養的紅寶石秋草跳下來，隔著籠子向你打招呼，你也隨手遞上葵花子仁加以犒賞。年輕的光輝鸚鵡神采奕奕地展示著紅胸，宣示著成年的到來。桔梗鸚鵡似乎有些不甘寂寞，忙著與身旁的同伴們吵架。

恣意享受與小草共處的時光，暫時忘卻塵世的紛擾。冬天陽光溫柔地流洩，撒了鳥室滿地金黃，感覺溫暖且欣喜。時間彷彿靜止了，在小草鸚鵡的靈動飛躍中，心靈與生活，都進入了最單純放鬆的狀態。

感謝

　　本書得以順利完成，內容部分來自於查閱歐美相關的文獻資料、與國內外資深飼養者的交流討論，以及筆者多年來飼養小草鸚鵡所累積的經驗，加以綜合統整的成果。然而，關於小草鸚鵡的飼養照護與基因遺傳，仍有許多未知的知識和領域，等著所有愛好者們共同探索。希望本書的出版，對於有興趣接觸小型草原長尾鸚鵡的朋友們，尤其是亞洲地區，在飼養上能成為實用的參考與指引。

　　筆者在資料收集與撰寫本書的過程中，得益於許多資深飼養者不吝提供自身的經驗與看法，也得到許多海內外好友慷慨地分享自家小草鸚鵡的照片，大大地豐富了本書的內容，在此一併致上感謝。

　　筆者也衷心希望，藉由本書的經驗分享與出版，不論是在澳大利亞的原生地區，還是在全球各地愛好者鳥舍中的小草鸚鵡們，都能健康成長、生生不息。

原生種秋草鸚鵡 Wildtype Bourke's Parakeet

水彩畫作 / 黃漢克 繪

國家圖書館出版品預行編目資料

小草鸚鵡飼育指南 / 黃漢克著.
  -- 初版 . -- 臺中市：晨星出版有限公司, 2021.07
  面；　公分 . --（寵物館；104）

ISBN 978-986-5582-50-0（平裝）

1. 鸚鵡　2. 寵物飼養

437.79　　　　　　　　　　　110004955

寵物館 104

小草鸚鵡飼育指南

作者	黃漢克
編輯	林珮祺、曾盈慈
校對	曾盈慈
美術設計	黃偵瑜
封面設計	言忍巾貞工作室
創辦人	陳銘民
發行所	晨星出版有限公司
	407 台中市西屯區工業 30 路 1 號 1 樓
	TEL：（04）23595820　FAX：（04）23550581
	E-mail：fenny@morningstar.com.tw
	http://star.morningstar.com.tw
	行政院新聞局局版台業字第 2500 號
法律顧問	陳思成律師
初版	西元 2021 年 07 月 01 日
讀者服務專線	TEL：（02）23672044 /（04）23595819#230
讀者傳真專線	FAX：（02）23635741 /（04）23595493
讀者專用信箱	service@morningstar.com.tw
網路書店	http://www.morningstar.com.tw
郵政劃撥	15060393（知己圖書股份有限公司）
印刷	上好印刷股份有限公司

掃瞄 QRcode，
填寫線上回函！

定價380元
ISBN 978-986-5582-50-0

Published by Morning Star Publishing Inc.
Printed in Taiwan
All rights reserved.